U0338191

Tasty Food
食在好吃

蒸煮炖家常菜
一本就够

杨桃美食编辑部 主编

江苏凤凰科学技术出版社

图书在版编目（CIP）数据

蒸煮炖家常菜一本就够 / 杨桃美食编辑部主编 . —
南京 : 江苏凤凰科学技术出版社 , 2015.7（2019.11 重印）
（食在好吃系列）
ISBN 978-7-5537-4300-4

Ⅰ . ①蒸… Ⅱ . ①杨… Ⅲ . ①家常菜肴 – 菜谱 Ⅳ .
① TS972.12

中国版本图书馆 CIP 数据核字 (2015) 第 065587 号

蒸煮炖家常菜一本就够

主　　　编	杨桃美食编辑部	
责 任 编 辑	葛　昀	
责 任 监 制	方　晨	

出 版 发 行	江苏凤凰科学技术出版社
出版社地址	南京市湖南路 1 号 A 楼，邮编：210009
出版社网址	http://www.pspress.cn
印　　　刷	天津旭丰源印刷有限公司

开　　　本	718mm×1000mm　1/16
印　　　张	10
插　　　页	4
版　　　次	2015年7月第1版
印　　　次	2019年11月第2次印刷

标 准 书 号	ISBN 978-7-5537-4300-4
定　　　价	29.80元

目录
CONTENTS

快速简单的
蒸煮炖料理

现代人越来越重视养生，吃的东西也越来越清淡。在中式传统的料理方法中，人们往往认为大火快炒是最简单方便的做法，但是在大火快炒时，时常不小心就多放了油，如此不仅产生油烟，对身体不好，炒出来的菜肴也未必健康。其实用蒸煮的方式料理，不但营养健康，也能留住食材本身的鲜美。你还在为厨房里的油烟烦恼吗？现在就给想要轻松做菜却又不想油腻的你，推荐一本简单的食谱书。

* 备注：本书所用电饭锅，为具有蒸、煮、炖、烧、焖、煎、炸等多种功能的电饭锅。若家中没有这种电饭锅，可用普通蒸锅、电饭煲（按煲汤键，煮至开关跳起）代替。

　　1杯水为180毫升~200毫升

常用 蒸酱 做法和用途介绍

橘酱

材料
客家橘酱2大匙，酱油1小匙

做法
取一容器，加入所有材料，搅拌均匀即可。

用途
适合猪肉、鸡肉料理，不太适合牛肉、海鲜等味道较重的肉类。

葱味酱

材料
红葱酱1大匙，葱1根，香油1大匙，盐少许，白胡椒粉少许，酱油1小匙

做法
❶ 葱洗净切碎备用。
❷ 取一容器，放入葱碎和其他材料，搅拌均匀即可。

用途
适合用来烹调禽肉类，如鸡肉、鸭肉、鹅肉等，可以增添肉质的鲜美。

柠香酱

材料
柠檬1个，大蒜2瓣，红辣椒1/3个，香菜1棵，盐少许，白胡椒粉少许，香油1小匙

做法
❶ 将柠檬洗净，切开挤汁备用。
❷ 将大蒜、红辣椒、香菜都洗净切成碎末备用。
❸ 取一个容器，将柠檬汁、大蒜碎、红辣椒碎、香菜碎和其余材料混合拌匀即可。

用途
除了可以用来做排骨料理之外，也适合用来做蒸鱼料理，颇有泰式料理的风味。

乳香酱

材料
美奶滋3大匙，酱油少许，味噌1小匙，香油1小匙，白糖1小匙

做法
取一容器，加入所有材料，搅拌均匀即可。

用途
除了当作一般水煮蔬食的蘸酱外，也可以当作色拉酱，用来做各种色拉料理。

和露酱

材料
和风酱油露2大匙，香油1小匙，米酒2大匙，盐少许，白胡椒粉少许

做法
取一容器，加入所有材料，搅拌均匀即可。

用途
除了当作一般水煮料理的蘸酱外，也可以当作色拉酱，用来做各种色拉料理。

麻辣酱

材料
花椒1小匙，盐少许，白胡椒粉少许，香油3大匙，白糖1小匙，黑醋1小匙，辣椒油2大匙，冷开水3大匙

做法
❶ 取一个炒锅，先加入1大匙色拉油（材料外），再加入花椒以小火煸香，再将花椒取出。
❷ 锅内加入其余的材料，翻炒均匀即可。

用途
除了适合烹调肉类、海鲜等料理之外，也可以用来做麻辣火锅的锅底。

注 | 固体类/油脂类：1大匙≈15克 1小匙≈5克 **液体类：**1大匙≈15毫升 1小匙≈5毫升

常用 **煮酱** 做法和用途介绍

破布子酱

材料
蚝油1小匙，破布子2大匙，米酒1大匙，白糖1小匙，香油1小匙，冷开水3小匙

做法
1 将破布子压碎。
2 取一个容器，放入压碎的破布子，再加入其余的材料，搅拌均匀即可。

用途
　　味道香甜甘醇，适合用来去除肉类跟海鲜的腥味，并能衬托出肉类或海鲜的美味，可用于蒸鱼、卤肉、腌肉等。

豆酥酱

材料
豆酥100克，香油1大匙，盐少许，葱1/2根，白胡椒粉少许，米酒1大匙，大蒜3瓣，红辣椒1/2个

做法
1 将葱、大蒜、红辣椒都洗净切碎备用。
2 取一个炒锅，先加入1大匙色拉油(材料外)，放入豆酥，以小火爆香。
3 然后放入大蒜、葱、红辣椒，接着加入其余的调料翻炒均匀，炒至香味释放出来后关火，即为豆酥酱。

用途
　　适合做海鲜料理，除了可用于蒸鱼之外，也适合拿来炒虾蟹类，营养又美味。

咸冬瓜酱

材料
咸冬瓜1大匙，盐少许，白胡椒粉少许，香油1小匙，白糖1小匙，米酒2大匙，冷开水2大匙

做法
1 咸冬瓜先切段，再切碎备用。
2 取一个容器，放入咸冬瓜碎，再加入其余的材料，搅拌均匀即可。

用途
　　除了可用于做肉饼之外，也适合拿来做蒸鱼料理，不仅可以去除鱼腥味，还能让料理别有一番甘甜味！

豆豉酱

材料
豆豉2大匙，米酒1大匙，酱油1小匙，香油1小匙，白糖1小匙，盐少许，白胡椒粉少许，红辣椒1个，葱1根

做法
1 将豆豉浸泡在冷水中约15分钟后，捞起切碎。
2 取一容器，将切碎的豆豉与其余的调料一起加入，搅拌均匀即可。

用途
　　适合做海鲜料理，除了可用于蒸鱼之外，也适合拿来炒虾蟹类，营养又美味。

素肉臊酱

材料
素肉50克，干香菇3朵，胡萝卜10克，豆干2片，香油1小匙，素蚝油2大匙，辣椒油少许，酱油1小匙，白糖1小匙，盐少许，白胡椒粉少许

做法
1. 素肉与干香菇泡软，再切成小丁状。
2. 胡萝卜、豆干洗净，切成小丁状备用。
3. 取一个炒锅，先加入1大匙色拉油（材料外），再加入素肉丁、香菇丁、胡萝卜丁和豆干丁，以中火爆香，再放入其余的材料，翻炒均匀即可。

用途
常用来做蔬食料理、氽烫海鲜，或是直接拌饭面。

黄豆酱

材料
黄豆酱1小匙，蒸肉粉2大匙，酱油1小匙，盐少许，白胡椒粉少许，香油1小匙，冷开水2大匙

做法
取一容器，放入全部材料，搅拌均匀即可。

用途
可用于肉类跟海鲜的调味，也适合烩、卤、炖等烹调方式。

PART 1

肉类篇

　　肉类食物含有丰富的蛋白质，烹调时不宜用热锅热油，否则会使蛋白质凝结，造成材料受热不匀、熟度参差不齐。烹制肉类食物，正确的方法是用热锅冷油，蛋白质逐渐受热，便可舒展伸开，均匀受热，也不易粘锅。

蒸煮肉类好香醇

氽烫

　　蒸煮前先用热水氽烫，不仅可以去除血水、杂质，还可锁住肉类的肉汁，增添料理的美味。

切块、切片

　　将肉类于蒸煮前先切成块状或片状，除了可以在腌渍时更入味，也能节省烹调时间。

腌渍

　　将要蒸煮的肉类，先与酱料搅拌均匀，并静置5～10分钟入味，再来蒸煮，味道更鲜美。

辛香料

　　一般肉类都会有肉腥味，而必备的"秘密武器"就是辛香料。其中，以大蒜跟红辣椒最为普遍，除了可去腥之外，还具有增添菜肴颜色与杀菌等功能。

焖锅

　　在蒸煮肉类时，当电饭锅跳起或煮滚后，可用余温再稍微焖一下，这样能让肉吃起来更加香软多汁。

捞泡

　　在水煮料理时，通常肉类都会产生杂质泡沫，这时我们可用汤匙捞除，避免破坏菜肴的色、香、味。

芋头蒸鸡腿

🍲 材料

芋头	200克
鸡腿	1只
大蒜	3瓣
玉米笋	适量
西蓝花	100克

🧂 调料

鸡精	1小匙
酱油	1小匙
米酒	1大匙
盐	少许
白胡椒粉	少许
色拉油	适量

关键提示

芋头蒸肉时，经常会发生肉未烂，芋头却完全糊化的情形。其实只要先将切好的芋头块炸过，就可以防止这种情形发生。其实芋头或红薯这类食材，都可以在进行蒸或烩等耗时较长的料理方式前先炸一下，这样完成的料理才会色香味俱佳。

📋 做法

1. 先将芋头削皮后洗净，再切成小块，放入200℃的油锅中炸成金黄色备用。

2. 将鸡腿洗净切成大块，再放入滚水中汆烫，捞起备用。

3. 将玉米笋洗净切成小段；西蓝花切成小朵状，洗净备用。

4. 取一个圆盘，将芋头、鸡腿、玉米笋与其余的调料一起加入，再用耐热保鲜膜将盘口封起来，放入电饭锅中，于外锅加入1.5杯清水，蒸15分钟后再把西蓝花加入，再蒸5分钟即可。

栗子蒸排骨

栗子　　　10颗
排骨　　　250克
莲子　　　50克
胡萝卜　　10克
竹笋　　　120克

🍶 调料
鸡精　　　1小匙
酱油　　　1小匙
米酒　　　1大匙
盐　　　　少许
白胡椒粉　少许
香油　　　1小匙
色拉油　　适量

📋 做法

1. 先将排骨洗净切成小块状，再放入滚水中氽烫，去除血水后捞起备用。

2. 将栗子、莲子放入容器中泡水5小时，再将栗子以纸巾吸干水分，放入约190℃的油锅中，炸至金黄色备用。

3. 把竹笋、胡萝卜洗净切成块状备用。

4. 取一个圆盘，将排骨、栗子、莲子、竹笋、胡萝卜一起加入，再加入其余的调料。

5. 最后用耐热保鲜膜将盘口封起来，再放入电饭锅中，于外锅加入1.5杯清水，蒸22分钟即可。

咸冬瓜蒸肉饼

材料

猪绞肉	350克
大蒜	3瓣
红辣椒	1/3个
香菜	1棵

调料

咸冬瓜酱	适量
淀粉	1大匙

做法

1. 将大蒜、红辣椒、香菜洗净，切碎备用。
2. 取一个容器，放入淀粉、猪绞肉，再加做法1切好的碎末和咸冬瓜酱，搅拌均匀。
3. 将拌好的绞肉捏成圆饼状，并放入圆盘中。
4. 用耐热保鲜膜将盘口封起来，再放入电饭锅中，最后于外锅加入1杯水，蒸15分钟即可。

备注：可加上葱丝、红辣椒丝及香菜装饰。

豆豉蒸里脊肉

材料
猪里脊肉2片，大蒜3瓣，葱1根，红辣椒1/3个

调料
豆豉酱适量

做法
1. 先将猪里脊肉洗净，用拍肉器稍微拍打，再用菜刀去筋备用。
2. 把大蒜、红辣椒洗净切片；葱洗净切段备用。
3. 取一个圆盘，把猪里脊肉放入，再放上大蒜、红辣椒、葱与豆豉酱，用耐热保鲜膜将盘口封起来。
4. 将封好的圆盘放入电饭锅中，最后于外锅加入1杯水，蒸15分钟至熟即可。

苦瓜蒸肉块

材料
苦瓜1/3个，五花肉250克，梅干菜50克，香菜少许

调料
酱油1小匙，白糖1小匙，盐少许，白胡椒粉少许，香油1小匙

做法
1. 先将五花肉洗净切成块状，再放入滚水中余烫，除去血水后捞起备用。
2. 苦瓜洗净后去籽，切成块状；梅干菜泡入水中去除盐味，再切成碎状备用。
3. 取一个圆盘，将五花肉、苦瓜、梅干菜与所有调料一起加入。
4. 最后用耐热保鲜膜将盘口封起来，再放入电饭锅中，于外锅加入1.5杯清水，蒸20分钟至熟，出锅撒上香菜即可。

竹荪蒸肉

📋 **做法**

1. 先将五花肉、竹笋洗净，切成片状，再放入滚水中汆烫，去表面脏污后捞起备用。

2. 把胡萝卜、大蒜洗净切片；将竹荪放入水中泡软，去沙备用。

3. 再将汆烫好的五花肉与竹笋放入于圆盘中，并放入胡萝卜片、大蒜片、竹荪和调料。

4. 最后用耐热保鲜膜将盘口封起来，再放入电饭锅中，于外锅加入1杯水，蒸15分钟，用香菜装饰即可。

菠萝蒸肉

材料

菠萝	230克
五花肉	200克
玉米笋	3根
香菇	2朵
大蒜	2瓣
香菜末	少许

调料

黄豆酱	适量

关键提示 　　最好使用当季的新鲜菠萝，因为新鲜菠萝的酵素含量较高，可以让蒸肉料理的肉慢慢软化，并带有菠萝的水果香气。但是如果买不到新鲜菠萝，也可以选择罐头菠萝片，料理时可连同菠萝罐头的汤汁加入一起蒸，这样同样也能让肉更入味。

做法

❶ 先将五花肉洗净切成小块状，再放入滚水中汆烫，去除血水后捞起备用。

❷ 将玉米笋洗净切段；香菇洗净切小块；大蒜洗净切片；菠萝滤去水分后留果肉，备用。

❸ 取一个圆盘，将五花肉、玉米笋、香菇、大蒜片、菠萝一起加入，再放入黄豆酱。

❹ 最后用耐热保鲜膜将盘口封起来，放入电饭锅中，于外锅加入1.5杯清水，蒸20分钟至熟，撒上香菜末即可。

咸蛋蒸肉饼

材料
咸蛋2个，猪绞肉300克，葱末10克，大蒜末10克，葱花（或香菜）适量

调料
蚝油1大匙，米酒2大匙，白糖1/4小匙，鸡精1/4小匙

做法

❶ 咸蛋去壳后，留一个蛋黄不切，其余的蛋白与蛋黄切碎备用。

❷ 将猪绞肉、咸蛋碎、大蒜末、葱末及所有调料混合拌匀备用。

❸ 将拌好的肉馅填入碗中，再将保留的完整蛋黄放置上面，放入蒸笼内蒸约30分钟后取出，撒上葱花或香菜装饰即可。

芥菜鸡汤

材料
芥菜200克，土鸡1/2只，干贝2个，姜30克，枸杞子1大匙

调料
盐少许，米酒2大匙，水8杯

做法

❶ 干贝泡米酒后放入电饭锅蒸10分钟，待软化后取出，剥丝备用。

❷ 土鸡洗净切大块，用热开水冲洗，沥干备用。

❸ 芥菜洗净切段；姜洗净切丝；枸杞子洗净沥干，备用。

❹ 取一内锅，放入土鸡块、芥菜段、姜丝、枸杞子及水，撒上干贝丝。

❺ 将内锅放入电饭锅中，外锅放2杯水（分量外），盖锅盖后按下开关，待开关跳起后加盐调味即可。

松茸菇排骨汤

材料
松茸菇100克，排骨500克，姜片30克

调料
盐2大匙，米酒3大匙，水1000毫升

做法

1. 将排骨洗净、切块、氽烫；松茸菇洗净备用。
2. 取一内锅，加入姜片、排骨块、松茸菇及调料，再放入电饭锅，外锅加约1.5杯清水（分量外），盖上锅盖，按下开关，蒸约45分钟即可。

白果鸡汤

材料
白果150克，鸡肉600克，西芹80克，姜末10克

调料
绍兴酒30毫升，盐1/2小匙，水200毫升

做法

1. 鸡肉洗净后剁小块；西芹去粗丝，洗净切小段，备用。
2. 煮一锅水，水滚后将鸡肉块下锅，氽烫1分钟后取出，冷水冲净，沥干。
3. 将氽烫好的鸡肉块放入电饭锅内锅，加入200毫升水、绍兴酒、西芹段、白果及姜片，外锅加1杯水（分量外），盖上锅盖，按下开关。
4. 待开关跳起，加入盐调味即可。

陈皮牛肉丸

材料
陈皮	20克
牛绞肉	150克
荸荠	60克
猪油	40克
葱	30克
姜	30克
芹菜叶	适量

调料
酱油	1小匙
米酒	1小匙
香油	1小匙
淀粉	1小匙
白胡椒粉	1小匙

做法
1. 陈皮、葱、姜洗净切碎；荸荠去皮切碎备用。
2. 牛绞肉与陈皮、荸荠、葱、姜、猪油及所有调料混合均匀，捏成丸子状备用。
3. 将做法2的肉丸子放入蒸锅中蒸12分钟，取出撒上切碎的芹菜叶即可。

关键提示　牛绞肉因为脂肪较少，所以口感较干涩，在绞肉中加入些猪油（猪皮下的脂肪）一起拌匀，可以增加顺滑的口感。如果不喜欢菜品过油，也可以减少其分量或不添加。

蒜蓉白肉

🍲 材料
五花肉　　　300克
香菜　　　　少许

🍶 调料
蒜蓉酱　　　适量

🍱 做法
1. 首先将五花肉洗净，放入锅中加入冷水后，盖上锅盖，再以中火煮开，煮10分钟，再关火焖30分钟捞起备用。
2. 将煮好的五花肉切成薄片状，再依序排入盘中。
3. 最后将调好的蒜蓉酱均匀地淋在五花肉上面，用香菜装饰即可。

蒜蓉酱

材料： 大蒜3瓣，葱1棵，香菜1棵

调料： 酱油膏3大匙，米酒1大匙，白糖1小匙，白胡椒粉1小匙

做法： 1. 将所有材料洗净，再切成碎末备用。

　　　　　2. 取一个容器，加入所有材料与所有的调料，以汤匙搅拌均匀即可。

辣酱蒸爆猪皮

材料
爆猪皮80克，白萝卜100克，大蒜末20克，姜末20克，葱丝适量

调料
辣椒酱3大匙，蚝油1大匙，白糖1小匙，香油1大匙

做法
1. 爆猪皮泡热水5分钟，至软后切小块；白萝卜去皮后，洗净切厚片，备用。
2. 将爆猪皮、白萝卜片、大蒜末、姜末及所有调料一起拌匀后，放入盘中。
3. 电饭锅外锅放入1杯水，放入盘子，按下开关蒸至开关跳起后，取出，撒上葱丝即可。

梅菜干蒸肉饼

材料
梅菜干50克，猪绞肉300克，姜末10克，葱末10克，鸡蛋1个，葱花少许

调料
盐1/4小匙，水50毫升，鸡精1/4小匙，白糖1小匙，酱油1小匙，米酒1小匙，白胡椒粉1/2小匙，香油1大匙

做法
1. 梅菜干用水泡1小时后，再用开水汆烫约1分钟后，冷水冲洗后挤干水分，切碎备用。
2. 猪绞肉放入钢盆中，加入盐、鸡精、白糖、酱油、米酒、白胡椒粉及鸡蛋拌匀后，将50毫升水加入，搅拌至水分被肉吸收。
3. 加入葱末、姜末、梅菜干及香油，拌匀后将肉馅装盘。
4. 电饭锅外锅倒入1/2杯水，放入盘子，按下开关蒸至开关跳起后，撒上葱花即可。

养生什锦菇鸡汤

🍲 材料
A 杏鲍菇50克，金针菇40克，秀珍菇30克，黑珍珠菇40克，白灵菇40克

B 鸡腿2只（约450克），葱丝适量，姜丝15克

🍶 调料
米酒1小匙，盐1/2小匙，热水700毫升

🍳 做法
1. 材料A洗净沥干。
2. 取一锅水烧热，放入鸡腿汆烫，捞出洗净。
3. 电饭锅内锅放入鸡腿、姜丝、米酒和热水，外锅加1.5杯清水煮至开关跳起。
4. 续放入材料A，外锅再加1/3杯水煮至开关跳起，加入盐和葱丝即可。

麻辣拌猪脚

🍲 材料
猪脚500克，姜10克，葱1根

🍶 调料
麻辣酱适量

🍳 做法
1. 先将猪脚洗净，切成小块状；姜洗净切片；葱洗净切段，再把所有材料一起倒入锅中，加清水至盖过猪脚，再盖上锅盖，以中火煮20分钟，再捞起备用。
2. 最后将煮好的猪脚盛入盘中，淋入麻辣酱即可。

云南酸辣肉片

🍖 材料

猪颈肉	180克
洋葱	1/3个
香菜	2棵
红辣椒	1个
大蒜	2瓣

🧂 调料

云南酸辣酱 适量

云南酸辣酱

材料： 海山酱3大匙，番茄酱3大匙，柠檬汁1小匙，盐少许，白胡椒粉少许，香菜少许

做法： 取容器，加入所有的材料，再用汤匙搅拌均匀即可。

📋 做法

❶ 首先将猪颈肉放入冷冻室中微冻，取出切成薄片，再放入滚水中快速汆烫1分钟捞起备用。

❷ 再将洋葱洗净切成丝状，放入冷水中洗去辛辣味，再沥干水分；香菜洗净切成碎状；红辣椒洗净切丝；大蒜洗净切片备用。

❸ 将做法2的所有材料混合均匀，铺在盘中，再将汆烫好的猪颈肉铺在上面。

❹ 最后将云南酸辣酱均匀地淋在肉上，撒上香菜碎（分量外）即可。

葱味鸡翅

材料
鸡翅3只，葱2根，姜5克

调料
葱味酱适量

做法
1. 先将鸡翅洗净后对半切开；姜洗净切成片状；葱洗净切段。
2. 将鸡翅、姜、葱一起放入汤锅中，加入适量水至盖过鸡翅，再盖上锅盖，以中火煮滚5分钟，再关火焖10分钟，捞起鸡翅备用。
3. 将煮好的鸡翅盛入盘中，最后淋上葱味酱即可。

柠香鸡肉

材料
鸡胸肉1片，姜10克，葱1根

调料
柠香酱适量

做法
1. 把姜洗净切片；葱洗净切段。
2. 将鸡胸肉洗净。
3. 将姜片、葱段和鸡胸肉一起放入汤锅中，加入适量的冷水并盖上锅盖，以中火煮滚5分钟后关火，焖10分钟再捞起鸡胸肉备用。
4. 把煮好的鸡胸肉切成片状，盛入盘中，最后淋上柠香酱即可（可放少许红辣椒圈、柠檬片装饰）。

梅酱鸡腿

材料
鸡腿2只，姜10克，葱1根，熟西蓝花2朵，红辣椒丝少许

调料
乌梅3颗，蜂蜜2大匙，盐少许，白胡椒粉少许

做法
1. 先将鸡腿洗净；姜与葱洗净切成片状。
2. 然后将鸡腿、姜、葱一起放入汤锅中，加入适量清水至盖过鸡腿，再盖上锅盖，以中火煮滚5分钟，再关火焖15分钟，捞起备用。
3. 将乌梅去核，切碎备用。
4. 取一个容器，将乌梅碎与其余的调料一起加入，再用汤匙混合拌匀即成梅酱。
5. 最后将煮好的鸡腿摆入盘中，并摆上熟西蓝花，再淋入调制好的梅酱，撒上红辣椒丝即可。

八珍鸡汤

材料
八珍药材1剂，小土鸡1只，红枣6颗

调料
盐适量，水8杯

做法
1. 八珍药材、小土鸡洗净，将八珍药材用棉布袋装好备用，小土鸡去内脏。
2. 取一内锅放入八珍药包、小土鸡、红枣及水。
3. 将内锅放入电饭锅，外锅放2杯水（分量外），盖锅盖后按下开关，待开关跳起后加盐调味即可。

橘酱梅花肉

材料
梅花肉250克，姜10克，葱1根，葱丝少许，红甜椒20克

调料
橘酱适量

做法
❶ 先将梅花肉洗净；姜洗净切成片状；葱洗净切段，再全部放入汤锅中，加入适量清水盖过材料；盖上锅盖，以中小火煮8分钟后，关火焖10分钟后，捞起梅花肉备用。

❷ 将煮好的梅花肉切成片状备用。

❸ 将切好的梅花肉、切好的红甜椒摆入盘中，撒上葱丝，食用时蘸取橘酱即可。

关键提示 使用橘酱时，建议加入1/10的酱油调和，这样酱汁味道不会涩。

海山酱鸡肉

材料
去皮鸡胸肉1片，西蓝花6小朵

调料
海山酱3大匙，盐少许，白胡椒粉少许，淀粉2大匙

做法
❶ 将鸡胸肉洗净切成小片状备用。

❷ 在鸡胸肉片上撒上所有调料，拍上淀粉稍腌渍入味，再放入60℃的热水中氽烫，捞起备用。

❸ 将鸡胸肉片与氽烫好的西蓝花放入盘中，淋入海山酱食用即可。

麻酱鸡丝

🥢 材料
鸡胸肉　　1片
芹菜　　　3根
香菜　　　2颗
胡萝卜　　20克

🧂 调料
原味麻酱　适量

🍴 做法
1. 首先将鸡胸肉洗净，放入清水中煮开后继续煮5分钟，关火后再焖10分钟，接着取出剥丝备用。
2. 将芹菜去老叶并洗净切成段；胡萝卜洗净切丝，再放入滚水中汆烫；香菜洗净切碎备用。
3. 最后将以上材料与鸡胸肉一起混合拌匀，食用时搭配原味麻酱，撒上香菜叶（分量外）即可。

备注：除了最经典的原味麻酱外，想吃不同口味的人可以试试辣味麻酱、醋味麻酱，既有创意又好吃。

原味麻酱

材料： 麻酱3大匙，开水1大匙，鸡精1小匙，香油1小匙

做法： 将所有材料混合调匀即可。

辣味麻酱

材料： 麻酱3大匙，开水1大匙，鸡精1小匙，辣椒油1大匙，辣椒碎1大匙，香菜碎1大匙，葱碎1大匙

做法： 将所有材料混合调匀即可。

醋味麻酱

材料： 麻酱3大匙，开水1大匙，鸡精1小匙，黑醋1大匙，香油1小匙，葱碎1大匙

做法： 将所有材料混合调匀即可。

胡麻酱牛肉

材料
牛肉片200克, 绿豆芽30克, 香菜2棵

调料
胡麻酱适量

做法
1. 将牛肉洗净放入冰箱至微冻，再将牛肉切成薄片状，放入滚水中氽烫备用。
2. 将绿豆芽洗净后氽烫；香菜洗净切碎。
3. 将绿豆芽、香菜碎放入圆盘中搅拌均匀，再放上氽烫好的牛肉片，淋上胡麻酱，用香菜叶（分量外）装饰即可。

> **胡麻酱**
>
> **材料：** 麻酱3大匙，米酒1大匙，水2大匙，盐少许，白胡椒粉少许，黑醋1小匙，白芝麻少许
>
> **做法：** 将所有材料放入容器中，拌匀即可。

泰式白肉

材料
五花肉225克，红辣椒1/2个，柠檬80克，洋葱40克，罗勒10克，大蒜2瓣，姜30克

调料
盐1小匙，白糖1/2小匙，柠檬汁30毫升，白胡椒粉1/2小匙，泰式酸辣酱1小匙，香油1小匙

做法
1. 五花肉洗净切片，用沸水氽烫至熟，摆盘备用。
2. 红辣椒洗净切末；柠檬洗净切末；大蒜洗净切末；洋葱洗净切末；姜洗净切末；罗勒洗净剁碎，备用。
3. 将切好的材料碎末加上所有调料，拌匀成酱汁。
4. 将做好的酱汁淋在五花肉片上即可。

盐水鸡

材料

鸡1/2只，陈皮少许，桂皮少许，八角1个，甘草粉少许，葱1根，姜2片，姜丝2大匙，香菜适量

调料

Ⓐ 盐1大匙，白胡椒粉少许，米酒1大匙 Ⓑ 鸡汤50毫升，盐1/2小匙 Ⓒ 水4000毫升

做法

❶ 将鸡用清水洗净后，加入调料A一起腌渍1小时备用。

❷ 取一汤锅，锅中放入水、陈皮、桂皮、八角、甘草粉、葱、姜片，一起烧开后，放入鸡转小火煮10分钟关火，盖上锅盖闷10分钟后，取出放凉备用。

❸ 食用时将鸡切块，并将调料B调匀后浇淋在鸡块上，最后摆上姜丝、香菜装饰即可。

麻辣牛肉

材料

牛肉片200克，小黄瓜1个，葱2棵，姜少许，八角1粒，香菜1棵，红辣椒1个

调料

白糖1/2小匙，盐1/2小匙，香油1大匙，辣椒油1.5大匙，花椒粉少许，米酒适量

做法

❶ 锅中加清水煮至滚，放入1棵葱、姜、米酒、八角煮5分钟，然后捞除葱、姜、八角。

❷ 牛肉片洗去血水，放入锅中汆熟，捞出沥干水分备用。

❸ 将剩余的1棵葱洗净切成葱花；香菜洗净切碎；红辣椒洗净切末；小黄瓜洗净切丝，摆盘备用。

❹ 取一个碗，放入汆烫过的牛肉片与所有调料拌匀，再加入葱花、香菜碎、红辣椒末拌匀，倒于黄瓜丝上即可。

雪花肉丸子

🍲 材料
猪绞肉230克，去皮荸荠5颗，大蒜2瓣，香菜2棵，蛋白鸡汁芡适量，葱丝、红辣椒丝各少许

🍶 调料
盐少许，白胡椒粉少许，香油1小匙，淀粉1大匙

📋 做法
1. 将去皮荸荠、大蒜瓣、香菜分别洗净，切成碎状备用。
2. 将以上材料和猪绞肉以及所有调料一起混合均匀，再用手摔打出筋，揉成丸子状备用。
3. 锅中加水烧开，将肉丸子放入滚水中煮2分钟，捞起备用。
4. 再将刚煮好的蛋白鸡汁芡淋在煮好的肉丸上面，撒上红辣椒丝、葱丝即可。

清鸡汤

🍲 材料
鸡肉600克，姜丝5克，葱段30克

🍶 调料
盐适量，绍兴酒4大匙，水1200毫升

📋 做法
1. 鸡肉洗净，剁块放入沸水中，汆烫去血水备用。
2. 将所有材料、绍兴酒、水放入电饭锅中，外锅加1杯水（分量外），盖上锅盖，按下开关，煮至开关跳起，焖30分钟，加入盐调味即可。

辣味肉片

材料
梅花肉300克，小黄瓜200克，葱花20克，姜末10克，大蒜末20克

调料
白芝麻1大匙，花椒粉1/4小匙，辣椒油2大匙，酱油1大匙，白糖1小匙，白醋1小匙，凉开水1大匙

做法
1. 烧一锅开水，将梅花肉放入锅中煮熟至变色，捞起放凉后切片状。
2. 小黄瓜洗净切丝后平铺在盘上，再将切好的肉片整齐排上。
3. 将葱花、姜末、大蒜末及所有调料混合拌匀后，淋至肉片上即可。

南瓜蒸排骨

材料
南瓜200克，猪排骨200克，大蒜末10克，香菜少许

调料
盐1/3小匙，白糖1小匙，水4大匙，米酒1大匙，香油1小匙

做法
1. 猪排骨洗净剁小块；南瓜去皮、瓤后切小块，备用。
2. 将猪排骨块及南瓜块、大蒜末及所有调料一起拌匀后放入盘中。
3. 电饭锅外锅倒入1/2杯水（分量外），将盘子放入内锅，按下开关蒸至开关跳起，撒上香菜即可。

白果腐竹排骨汤

🍲 材料
干白果1大匙，腐竹30克，猪排骨200克，老姜片10克

🥄 调料
水800毫升，盐1/2小匙，鸡精1/2小匙，绍兴酒1小匙

📋 做法
1. 腐竹、干白果泡水8小时后沥干，腐竹剪成5厘米长段，备用。
2. 猪排骨剁小块，汆烫洗净，备用。
3. 取一内锅，放入腐竹、白果、猪排骨，再加入姜片、800毫升水及其余调料。
4. 将内锅放入电饭锅里，外锅加入1杯水（分量外），盖上锅盖、按下开关，煮至开关跳起后，捞除姜片即可。

鲜肉苦瓜盅

🍲 材料
猪绞肉300克，白玉苦瓜1个，梅菜干50克，大蒜末10克，葱丝少许

🥄 调料
Ⓐ 鸡精1/2小匙，白糖1/2小匙，米酒1大匙，淀粉少许 Ⓑ 盐少许，鸡精1/4小匙，蚝油1大匙 Ⓒ 高汤100毫升，淀粉少许，水淀粉少许

📋 做法
1. 白玉苦瓜洗净后（中间不切开）切厚片，将籽挖除；梅菜干洗净切末，备用。
2. 将猪绞肉、梅菜干末、大蒜末及调料A混合，拌匀成肉馅备用。
3. 白玉苦瓜内侧抹上淀粉后，填入拌好的肉馅，再于肉馅上抹上少许淀粉，放入蒸笼内蒸熟。
4. 高汤与调料B煮至沸腾，以水淀粉勾芡，淋在蒸好的白玉苦瓜上，用葱丝装饰即可。

萝卜牛排骨汤

材料
白萝卜100克，胡萝卜100克，牛排骨500克，西芹80克，姜片30克

调料
盐1小匙，水800毫升，米酒30毫升

做法

1. 牛排骨洗净、剁小块；白萝卜及胡萝卜去皮、切小块；西芹洗净，撕去粗皮、切小段，备用。

2. 将牛排骨块、白萝卜块、胡萝卜块、西芹与姜片一起放入电饭锅内锅，加入水及米酒，外锅加2杯水（分量外），盖上锅盖，按下开关，煮至开关跳起，开盖后加盐调味即可。

桂花乌鸡汤

材料
桂花适量，乌鸡600克，银耳15克，姜丝10克

调料
米酒1大匙，盐1小匙，热水1000毫升

做法

1. 银耳洗净，以清水泡至柔软，去蒂头，沥干水分，撕成小朵。

2. 乌鸡洗净切大块，放入加了米酒(分量外)的滚水中氽烫，捞出洗净。

3. 电饭锅内锅放入银耳、乌鸡肉块、姜丝、米酒和1000毫升热水，外锅加1.5杯水，按下开关，煮至开关跳起。

4. 最后加入桂花和盐调味即可。

蒜苗浓鸡汤

材料
蒜苗	2棵
去骨鸡腿	1只
西芹	1根
洋葱	1/2个
鲜奶油	1杯

调料
盐	少许
水	8杯
色拉油	少许

做法
① 蒜苗、西芹洗净切小段；洋葱洗净切丁，备用。
② 去骨鸡腿洗净切小块，用热开水冲洗净，沥干备用。
③ 外锅放1/4杯水（分量外），按下开关。
④ 待内锅热后倒入少许油，放入蒜苗、洋葱丁、西芹段爆香。
⑤ 再放入鸡腿块炒香，加入8杯水，外锅再放1.5杯水（分量外），盖锅盖后按下开关，待开关跳起，加入鲜奶油拌匀，加盐调味即可。

关键提示

电饭锅除了可用来炖煮外，也可以用来炒菜。只要将外锅加水待热后，放入内锅就可以了。如果你的电饭锅外锅很干净，还可以直接把外锅当炒锅用，不过事后清理就稍微麻烦一点。

黑枣山药鸡汤

材料

土鸡1/2只（约800克），黑枣12个，山药150克，枸杞子5克，姜片30克

调料

米酒50毫升，盐1小匙，水800毫升

做法

1. 将鸡肉洗净后剁小块；山药去皮切小块，备用。
2. 煮一锅水（分量外），水滚后将鸡肉块下锅，汆烫约1分钟后取出，用冷水洗净沥干，备用。
3. 将汆烫过的鸡肉块放入电饭锅内锅，加入水、米酒、山药、枸杞子、黑枣及姜片，外锅加2杯水（分量外），盖上锅盖，按下开关。
4. 待开关跳起，加入盐调味即可。

莲子百合鸡汤

材料

干莲子50克，干百合30克，土鸡肉300克，姜片3片

调料

盐1/2小匙，米酒1小匙，水600毫升

做法

1. 先将干莲子和干百合泡水2小时备用。
2. 土鸡肉洗净切块，放入滚水中汆烫去除血水后捞起，洗净沥干。
3. 取一内锅，放入莲子、百合、土鸡块、姜片和所有调料，外锅加2杯水（分量外），按下开关，煮至开关跳起即可。

白萝卜鸡汤

材料
白萝卜300克，土鸡1/4只，老姜30克，葱1根

调料
盐1小匙，米酒1大匙，水600毫升

做法
1. 土鸡洗净剁小块，放入滚水中氽烫1分钟后，捞出备用。
2. 白萝卜去皮，切滚刀块，放入滚水中焯烫1分钟，捞出备用。
3. 老姜去皮切片；葱洗净切段，备用。
4. 将土鸡块、白萝卜块、姜片、葱、600毫升水和其余调料，放入内锅中，外锅加1杯水（分量外），按下开关，煮至开关跳起，捞除葱段即可。

甘蔗鸡汤

材料
甘蔗200克，鸡肉700克，姜汁20毫升

调料
盐1小匙，热水1100毫升

做法
1. 将甘蔗外皮彻底刷洗干净，切小块；鸡肉洗净切大块，备用。
2. 取一锅水煮滚，放入鸡肉氽烫，捞出洗净，备用。
3. 电饭锅内锅放入甘蔗块、鸡肉、姜汁和热水，外锅加1.5杯水（分量外），按下开关，煮至开关跳起，再焖10分钟，最后加入盐调味即可。

南瓜豆浆鸡汤

材料
南瓜200克，鸡肉400克

调料
原味热豆浆600毫升，盐1/4小匙

做法
1. 南瓜刷洗干净，切厚片备用。
2. 鸡肉洗净，放入加了米酒和姜片（材料外）的滚水中氽烫，捞出洗净。
3. 电饭锅内锅放入南瓜块、鸡肉和600毫升热豆浆，外锅加1.5杯水，按下开关，煮至开关跳起，再焖10分钟，最后加入盐调味即可。

人参枸杞子鸡汤

材料
土鸡1500克，姜片15克

调料
盐2小匙，料酒3大匙，水5碗

药材
人参3条，枸杞子20克，红枣20克

做法
1. 土鸡洗净，去内脏，用滚水氽烫5分钟后捞起，用清水冲洗去血水，沥干后放入电饭锅内锅中备用。
2. 将所有药材用冷水清洗后放在土鸡上，再把姜片、盐、料酒与5碗水一并放入，在锅口封上保鲜膜。
3. 电饭锅外锅加1杯水（分量外），按下开关，煮90分钟即可。

芹菜鸡汤

材料
芹菜80克，鸡肉600克，香菜10克，大蒜15瓣

调料
绍兴酒50毫升，盐1小匙，水800毫升

做法
1. 鸡肉洗净后剁小块；香菜及芹菜洗净切小段，备用。
2. 煮一锅水，水滚后将鸡肉块下锅，汆烫1分钟后取出，冷水洗净沥干。
3. 将汆过的鸡肉块放入电饭锅内锅，加入水、酒、芹菜、香菜及大蒜，外锅加2杯水（分量外），盖上锅盖，按下开关。
4. 煮至开关跳起，加入盐调味即可。

沙参玉竹鸡汤

材料
沙参30克，玉竹60克，土鸡块600克，红枣3颗

调料
盐1/2小匙，水600毫升

做法
1. 将土鸡块放入滚水中汆烫，洗净后去掉鸡皮备用。
2. 红枣、沙参、玉竹洗净，备用。
3. 将土鸡块、红枣、沙参、玉竹放入锅内，加入水和盐，放入电饭锅中，外锅加2杯水（分量外），煮至开关跳起即可。

瓜仔香菇鸡汤

材料
罐头瓜仔　50克
干香菇　　30克
鸡腿块　　200克

调料
酱油　　　1大匙
水　　　　800毫升

做法
1. 干香菇洗净，放入水中泡至软；鸡腿块洗净备用。
2. 取内锅，放入罐头瓜仔、鸡腿块、泡开的干香菇和调料，放入电饭锅内，外锅加入2杯水（分量外），按下开关，煮至开关跳起即可。

冬瓜荷叶鸡汤

材料

冬瓜	150克
干荷叶	1张
土鸡	1/4只
老姜片	10克

调料

盐	1/2小匙
鸡精	1/2小匙
绍兴酒	1小匙
水	800毫升

做法

1. 土鸡剁小块、汆烫洗净，备用。
2. 冬瓜带皮洗净、切方块，备用。
3. 干荷叶剪成小片，泡水至软，焯烫后洗净，备用。
4. 取一内锅，放入土鸡、冬瓜、荷叶，再加入老姜片、800毫升水及其余调料。
5. 将内锅放入电饭锅里，外锅加入1杯水（分量外），盖上锅盖、按下开关，煮至开关跳起后，捞除老姜片即可。

关键提示

用土鸡煮出来的鸡汤有自然的鲜甜味，如果土鸡较难买到，也能用普通鸡代替，只是口感会稍差。

大白菜鸡爪汤

材料
包心大白菜400克，鸡爪10只，姜片4片，葱段少许

调料
盐1小匙，水500毫升

做法
1. 包心大白菜用手剥成大片状洗净，放入滚水中焯烫后捞出，用冷水冲凉沥干备用。
2. 鸡爪剪掉趾甲再剁半，放入滚水中汆烫后捞出备用。
3. 将包心大白菜、鸡爪、姜片、葱段、水和盐，全部放入内锅中，外锅加入1杯水（分量外），按下开关，煮至开关跳起即可。

苹果红枣排骨汤

材料
苹果1个，红枣10颗，猪排骨500克

调料
盐1.5小匙，水1200毫升

做法
1. 猪排骨洗净，放入沸水中汆烫去血水；苹果洗净后带皮剖成8瓣，挖去籽；红枣稍微清洗，备用。
2. 将所有材料、水放入电饭锅内锅中，外锅加1杯水（分量外），盖上锅盖；按下开关，煮至开关跳起，焖10分钟，加入盐调味即可。

薏米红枣排骨汤

材料
薏米20克，红枣5颗，猪排骨200克，姜片15克

调料
盐3/4小匙，鸡精1/4小匙，水600毫升，米酒10毫升

做法
1. 将猪排骨洗净剁小块，放入滚水中氽烫，与薏米及红枣一起放入内锅中，倒入600毫升水及米酒、姜片。
2. 电饭锅外锅倒入1杯水（分量外），放入内锅。
3. 按下开关，煮至开关跳起后加入其余调料调味即可。

菱角红枣排骨汤

材料
菱角300克，红枣8颗，猪排骨300克，姜片10克，香菜少许

调料
水900毫升，米酒1大匙，盐1/2小匙

做法
1. 将菱角洗净焯烫；猪排骨洗净氽烫，剁块。
2. 将菱角、猪排骨、红枣、姜片、米酒和水放入电饭锅内锅，外锅放2杯水（分量外），按下开关。
3. 煮至开关跳起后放入盐拌匀，焖5分钟，最后撒上香菜即可。

辛香牛排骨汤

材料
牛排骨	300克
白萝卜	100克
胡萝卜	60克
葱	适量
姜	30克
大蒜	3瓣

调料
豆瓣酱	1小匙
盐	1/2小匙
白糖	1/2小匙
酱油	1小匙
米酒	1大匙
水	800毫升
八角	4个
花椒	1/2小匙
桂皮	适量

做法
1. 胡萝卜、白萝卜洗净切块，放入滚水焯烫后捞出；八角、花椒、桂皮用棉布包起，备用。
2. 葱少许切花，剩余切3厘米长段；姜去皮切末；大蒜拍碎，备用。
3. 牛排骨洗净，切5厘米块，放入滚水中汆烫后捞出放凉备用。
4. 热锅加适量色拉油（材料外），放入葱段、姜末、大蒜碎，用小火炒1分钟，加入牛排骨块、豆瓣酱炒2分钟，再加入萝卜块、米酒略炒。
5. 将以上炒好的食材倒入内锅，加水、盐、白糖及药包，外锅加1.5杯水（分量外）；按下开关，煮至开关跳起，加入酱油，捞除浮油、药包，撒上葱花即可。

陈皮鸭汤

材料

鸭1/2只，陈皮3片，老姜片6片，葱白2根

调料

盐1小匙，鸡精1/2小匙，绍兴酒1大匙，
水1000毫升

做法

1. 将鸭洗净剁小块，余烫备用。
2. 陈皮泡水至软，削去白膜后切小块。
3. 老姜片、葱白用牙签串起，备用。
4. 取一内锅，放入鸭块、陈皮、姜及葱白，
   再加入水及其余调料。
5. 将内锅放入电饭锅里，外锅加入1杯水（分
   量外），盖上锅盖、按下开关，煮至开关
   跳起后，捞除老姜片、葱白即可。

香菇牛排骨汤

材料
香菇40克，牛排骨600克，胡萝卜200克，香菜少许，姜片20克

调料
绍兴酒50毫升，盐1小匙，水800毫升

做法
1. 牛排骨洗净，切小块；香菇泡水10分钟后剪去蒂头，切成4份；胡萝卜洗净切小块，备用。
2. 煮一锅水（分量外），水滚后将牛排骨下锅氽烫2分钟后取出，用冷水洗净沥干，备用。
3. 将氽过的牛排骨放入电饭锅内锅，加入香菇、胡萝卜、水、绍兴酒及姜片，外锅加2杯水（分量外），盖上锅盖，按下开关。
4. 煮至开关跳起，再焖20分钟，加入盐调味，撒上香菜即可。

冬瓜蛤蜊鸡汤

材料
冬瓜300克，蛤蜊200克，鸡肉块400克，姜片5克

调料
盐1.5小匙，米酒2大匙，水1000毫升

做法
1. 鸡肉块洗净，放入沸水中氽烫去血水；蛤蜊浸泡清水至吐沙后洗净；冬瓜去皮切块，备用。
2. 将所有材料、米酒与水放入电饭锅内锅中，外锅加1杯水（分量外），盖上锅盖，按下开关，煮至开关跳起，加入盐调味即可。

山药枸杞子鸡汤

材料
山药300克，枸杞子30克，土鸡肉450克，姜片30克

调料
盐2大匙，米酒 30毫升，水1200毫升，色拉油少许

做法
1. 山药去皮、切滚刀块；土鸡肉洗净、切块备用。
2. 将电饭锅内锅洗净，按下开关，直接加入少许色拉油，放入土鸡肉块炒香。
3. 于锅中加入姜片、枸杞子、山药块及其余调料，盖上锅盖，按下开关，煮至开关跳起即可。

四物排骨汤

材料
猪排骨600克，姜片10克

调料
盐1.5小匙，米酒50毫升，水1200毫升

药材
当归8克，熟地黄5克，黄芪5克，川芎8克，芍药10克，枸杞子10克

做法
1. 猪排骨洗净，放入沸水中余烫去血水；所有药材稍微清洗后沥干，放入药包袋中，备用。
2. 将所有材料、水、中药包与米酒放入电饭锅内锅，外锅加1杯水（分量外）；盖上锅盖，按下开关，煮至开关跳起，焖20分钟，加入盐调味即可。

山药乌鸡汤

材料
山药150克，乌鸡1/4只，枸杞子1小匙，老姜片10克，葱白2根

调料
盐1/2小匙，鸡精1/2小匙，绍兴酒1小匙，水800毫升

做法
1. 将乌鸡洗净，剁块、汆烫，备用。
2. 山药去皮切块，焯烫后过冷水，备用。
3. 姜片、葱白洗净，用牙签串起，备用。
4. 取一内锅，放入乌鸡、山药、姜片和葱白，再加入枸杞子、水及其余调料。
5. 将内锅放入电饭锅里，外锅加入1杯水（分量外），盖上锅盖、按下开关，煮至开关跳起后，捞除姜片、葱白即可。

干贝竹荪鸡汤

材料
干贝5个，竹荪15克，土鸡肉600克，葱段20克，姜片10克

调料
盐1/4小匙，米酒80毫升，热水850毫升

做法
1. 竹荪洗净，用清水泡至软化；用剪刀把竹荪的蒂头剪除，切段备用。
2. 干贝洗净，用少许米酒浸泡至软化；土鸡肉洗净，切大块。
3. 取一锅水煮滚，加少许米酒和葱段，放入土鸡肉块汆烫，捞出洗净。
4. 内锅放入土鸡肉块和竹荪，续放入姜片和850毫升的热水。
5. 最后放入干贝和剩余的米酒，外锅放入2杯水（分量外），按下开关，煮至开关跳起，加入盐调味即可。

牛蒡鸡汤

材料
牛蒡茶包1包，鸡腿2只，红枣6颗

调料
盐适量，水5杯

做法
① 将红枣洗净备用。
② 鸡腿用热开水洗净，沥干备用。
③ 取一内锅，放入鸡腿、红枣、牛蒡茶包及水。
④ 将内锅放入电饭锅，外锅放1杯水（分量外），盖上锅盖后按下开关，待开关跳起后，加盐调味即可。

茶香鸡汤

材料
茶叶适量，鸡肉 600克，鸿禧菇 120克，姜丝10克

调料
米酒1大匙，盐 1/2小匙，热水900毫升

做法
① 茶叶以300毫升热水浸泡至茶色变深；鸿禧菇去除蒂头，洗净备用。
② 鸡肉洗净剁块，放入加了米酒（分量外）的滚水中汆烫，捞出洗净沥干。
③ 电饭锅内锅放入茶叶与茶汁、鸿禧菇、鸡肉、姜丝、米酒和其余600毫升热水，外锅加1.5杯清水，按下开关，煮至开关跳起，焖10 分钟，最后加入盐调味即可。

水煮牛肉

材料

牛肉	350克
椒麻辣椒油汤	适量
香菜	少许

做法

1. 将牛肉洗净，切成条状备用。
2. 将椒麻辣椒油汤煮开，加入切好的牛肉条，以中火煮6分钟，撒上香菜即可。

椒麻辣椒油汤

材料： 小黄瓜1个，白菜30克，红辣椒1个，香菜2颗，大蒜3瓣，姜5克，芹菜3根，香油1大匙

调料： 干辣椒10个，花椒1小匙，辣椒油2大匙，酱油2大匙，米酒1大匙，辣豆瓣酱2大匙，白糖1小匙，盐少许，黑胡椒粉少许，水500毫升

做法：
1. 将小黄瓜、白菜、芹菜洗净，都切成小条状；红辣椒、大蒜洗净切成片状；姜洗净切成片状备用。
2. 将炒锅烧热，加入1大匙香油，再加入以上所有材料以小火爆香。
3. 最后加入所有调料以中火煮15分钟即可。

53

大头菜鸡汤

材料
大头菜300克，鸡肉600克，虾米20克

调料
米酒1大匙，胡椒粉少许，盐1/2小匙，热水1000毫升

做法
1. 虾米洗净，以适量米酒(分量外)浸泡5分钟，捞出沥干；大头菜洗净，去皮切块备用。
2. 鸡肉洗净切大块，放入加了米酒(分量外)的滚水中汆烫，捞出洗净沥干。
3. 电饭锅内锅放入虾米、大头菜、鸡肉、米酒和1000毫升热水，外锅加1/2杯水（分量外），按下开关，煮至开关跳起，焖10分后加入盐和胡椒粉调味即可。

香油鸡汤

材料
鸡块600克，姜片50克，姜汁1大匙

调料
盐1小匙，米酒100毫升，香油2大匙，水1000毫升

做法
1. 鸡肉洗净，放入沸水中汆烫，去除血水备用。
2. 将所有材料、水、米酒及香油放入电饭锅内锅，外锅加1杯水（分量外）；盖上锅盖，按下开关，煮至开关跳起，续焖10分钟，加入盐调味即可。

柿饼鸡汤

材料
柿饼3个，土鸡腿1只，枸杞子10克

调料
盐少许，水8杯

做法
1. 将枸杞子洗净；土鸡腿切大块，用热开水洗净沥干，备用。
2. 取一内锅，放入土鸡腿、柿饼、枸杞子及水。
3. 将内锅放入电饭锅，外锅放2杯水（分量外），盖上锅盖后按下开关，煮至开关跳起后加盐调味即可。

草菇排骨汤

材料
草菇罐头300克，排骨酥300克，香菜适量

调料
盐1/2小匙，鸡精1/4小匙，高汤1200毫升

做法
1. 打开草菇罐头，取出草菇，冲沸水以去除杂味，备用。
2. 取内锅，放入排骨酥、草菇、高汤，再放入电饭锅中。
3. 外锅加2杯水，按下开关，待开关跳起，放入调料拌匀，撒上香菜即可。

月桂西芹鸡汤

材料

月桂叶	3~4片
西芹	2根
鸡肉	600克

调料

盐	1/4小匙
热水	750毫升

做法

1. 西芹洗净，切斜片；月桂叶洗净备用。

2. 鸡肉洗净切大块，放入加了米酒（材料外）的滚水中汆烫，捞出沥干。

3. 电饭锅内锅放入西芹、鸡肉块、月桂叶和750毫升热水，外锅加1.5杯清水，按下开关，煮至开关跳起。

4. 最后加入盐调味即可。

莲子牛排骨汤

📋 **材料**

莲子200克，牛排骨700克，姜片30克

🫙 **调料**

米酒50毫升，盐1.5小匙，白糖1/2小匙，水
1200毫升

🍲 **做法**

1️⃣ 牛排骨洗净，放入沸水中氽烫，去除血
   水；莲子泡水至软，备用。

2️⃣ 将所有材料、水、米酒放入电饭锅中，外
   锅加1杯水（分量外）；盖上锅盖，按下开
   关，待开关跳起，再焖20分钟，加入其余
   调料即可。

巴戟天牛腱汤

📋 **材料**

巴戟天30克，牛腱1个（约600克），杜仲5片

🫙 **调料**

盐1小匙，水500毫升，米酒3大匙

🍲 **做法**

1️⃣ 将牛腱洗净切块，放入滚水中氽烫，沥干
   备用。

2️⃣ 巴戟天、杜仲洗净，泡水30分钟备用。

3️⃣ 将牛腱、巴戟天、杜仲放入内锅中，加入
   水、米酒和盐调味，放入电饭锅中，外锅
   加2杯水（分量外），按下开关，煮至开关
   跳起即可。

海带黄豆芽鸡汤

材料
海带结60克，黄豆芽50克，鸡腿400克，姜片10克

调料
米酒1大匙，盐1/4小匙，热水700毫升

做法
1. 海带结泡水1小时，洗净沥干；黄豆芽、鸡腿都洗干净备用。
2. 取一锅热水放入姜片（分量外）和黄豆芽焯烫，捞出备用。
3. 原锅放入鸡腿氽烫，捞出洗净。
4. 电饭锅内锅放入海带结、黄豆芽、鸡腿、姜片、米酒和700毫升热水；外锅加1.5杯清水，按下开关，煮至开关跳起，焖10分钟，加入盐调味即可。

木瓜羊肉汤

材料
青木瓜200克，羊肉800克，胡萝卜100克，姜丝20克

调料
米酒50毫升，盐1小匙，水1000毫升

做法
1. 羊肉洗掉剁小块；青木瓜去皮、去籽，切小块；胡萝卜洗净，去皮切小块，备用。
2. 煮一锅水，先将羊肉块下锅，煮滚2分钟后取出，用冷水洗净沥干，备用。
3. 将煮过的羊肉放入电饭锅内锅，加入青木瓜和胡萝卜、水、米酒及姜丝，外锅加2杯水（分量外），盖上锅盖，按下开关。
4. 待开关跳起，外锅再加1杯水（分量外），煮至开关跳起，再焖20分钟，加入盐调味即可。

萝卜猪骨煲

材料
胡萝卜50克，白萝卜80克，猪筒骨3个，猪排骨200克，玉米1个，老姜20克，葱1根，香菜少许

调料
盐1.5小匙，水800毫升，色拉油适量

做法
1. 猪筒骨、猪排骨洗净，一起放入滚水中汆烫，捞出备用。
2. 胡萝卜、白萝卜去皮，切滚刀块；玉米洗净切小段，放入滚水焯烫捞出，备用。
3. 老姜去皮切片；葱洗净，去头部切段，备用。
4. 热锅加适量色拉油，放入老姜片、猪筒骨、猪排骨，用小火炒3分钟。
5. 将所有材料、水和盐都放入电饭锅中；按下开关，煮至开关跳起，掀开锅盖，捞除老姜片、葱段，撒上香菜即可。

中药排骨汤

材料
猪排骨600克，姜片10克

调料
盐1.5小匙，米酒50毫升，水1200毫升

药材
黄芪10克，当归8克，川芎5克，熟地黄5克，红枣8颗，桂皮10克，陈皮5克，枸杞子10克

做法
1. 猪排骨洗净，放入沸水中汆烫去血水；除当归、枸杞子、红枣外的中药材洗净后放入药包袋中，备用。
2. 将药包袋、其余中药、米酒、水与所有材料放入电饭锅中，外锅加1杯水（分量外）；盖上锅盖，按下开关，待开关跳起，续焖20分钟，加入盐调味即可。

大蒜牛蛙汤

材料
大蒜20瓣，牛蛙600克，香菜叶少许，姜片20克

调料
米酒50毫升，盐1小匙，水800毫升

做法
1. 将牛蛙掏去内脏，洗净后剁小块，备用。
2. 煮一锅水（分量外），将处理过的牛蛙下锅，煮滚10秒钟后取出，用冷水洗净沥干。
3. 将牛蛙放入电饭锅内锅，加入水、大蒜、姜片及米酒，外锅加1杯水（分量外），盖上锅盖，按下开关。
4. 煮至开关跳起，加盐调味，最后撒上香菜叶即可。

仙草鸡汤

材料
仙草10克，鸡肉块600克，姜片5克

调料
盐1.5小匙，白糖1/2小匙，米酒2大匙，水1200毫升

做法
1. 鸡肉块洗净，放入沸水中汆烫，去血水；仙草稍微清洗，修剪成适当长度后包入药包袋中，备用。
2. 将所有材料、水与米酒放入电饭锅内锅，外锅加1杯水（分量外）；盖上锅盖，按下开关，待开关跳起，续焖30分钟，加入其余调料即可。

黄瓜玉米鸡汤

材料
黄瓜150克，玉米150克，鸡肉600克，小鱼干15克，香菜少许

调料
盐1小匙，胡椒粉少许，热水1200毫升

做法
1. 将玉米洗净切段；黄瓜洗净去皮，切大块；小鱼干洗净备用；鸡肉洗净。
2. 取一锅水煮滚，放入少许米酒(材料外)，将鸡肉氽烫，捞出洗净，备用。
3. 电饭锅内锅放入玉米、黄瓜、小鱼干、鸡肉和1200毫升热水；外锅加1.5杯清水（分量外），按下开关，煮至开关跳起，续焖10分钟，最后加入香菜、盐和胡椒粉调味即可。

苹果鸡汤

材料
苹果200克，鸡翅600克，干山楂10克

调料
盐1小匙，热水1000毫升

做法
1. 苹果洗净，去籽，切块备用。
2. 鸡翅洗净；取一锅水煮滚，放入鸡翅氽烫，捞出洗净。
3. 电饭锅内锅放入苹果块、鸡翅、干山楂和1000毫升热水；外锅加1.5杯清水（分量外），按下开关，煮至开关跳起，焖10分钟，最后加入盐调味即可。

胡椒黄瓜鸡汤

材料
黄瓜	1/2个
土鸡	1/2只

调料
白胡椒粒	1.5小匙
盐	1/2小匙
鸡精	1/2小匙
绍兴酒	1小匙
水	800毫升

做法
1. 土鸡洗净，剁小块、氽烫，备用。
2. 黄瓜去皮、洗净，去籽、切块，备用。
3. 白胡椒粒放砧板上，用刀面压破，备用。
4. 取内锅，放入土鸡、黄瓜、白胡椒粒，再加入800毫升水及其余调料。
5. 将内锅放入电饭锅里，外锅加入1杯清水（分量外），盖上锅盖，按下开关，煮至开关跳起即可。

薏米莲子鸡爪汤

材料
薏米50克，莲子40克，鸡爪400克，姜片10克，红枣10颗

调料
盐适量，米酒适量，水1000毫升

做法
① 鸡爪去趾甲后，剁小段，放入沸水中汆烫；薏米、莲子泡水60分钟；红枣洗净，备用。

② 将所有材料、水、米酒放入电饭锅内锅中，外锅加1杯水（分量外）；盖上锅盖，按下开关，待开关跳起，续焖10分钟，加入盐调味即可。

黑木耳鸡翅汤

材料
泡发黑木耳150克，鸡翅5只，红枣6颗，姜10克，香菜少许

调料
盐适量，水6杯

做法
① 泡发黑木耳洗净、去蒂头，放入果汁机加少许水（分量外）打成汁；姜洗净切丝；红枣洗净，备用。

② 鸡翅用热开水洗净，沥干备用。

③ 取一内锅，放入黑木耳汁、红枣、鸡翅、姜丝及水。

④ 将内锅放入电饭锅，外锅放1杯水（分量外），盖上锅盖后按下开关，待开关跳起后加盐调味，撒上香菜即可。

香菇鸡爪汤

材料
泡发香菇6朵，鸡爪300克，姜片20克

调料
盐1/2小匙，鸡精1/4小匙，米酒40毫升，水600毫升

做法
1. 将鸡爪的趾甲、骨头去掉，放入滚水中汆烫10秒后洗净；泡发香菇与鸡爪、姜片一起放入内锅中，倒入水及米酒。
2. 电饭锅外锅倒入1杯水（分量外），放入内锅。
3. 按下开关，煮至开关跳起后，加入其余调料调味即可。

海带芽排骨汤

材料
海带芽适量，猪排骨400克，冬瓜籽瓤250克，姜片20克

调料
盐1/2小匙，鸡精1/4小匙，米酒1大匙，水适量

做法
1. 冬瓜籽瓤切块。
2. 猪排骨洗净，放入沸水中汆烫1分钟。
3. 将猪排骨、冬瓜籽瓤、姜片放入电饭锅的内锅中，倒入适量的水；外锅加入1.5杯水，按下开关，煮至开关跳起，放入海带芽、其余调料拌匀，再焖5分钟即可。

四物鸡汤

材料
土鸡肉块　900克
水　　　　500毫升

调料
米酒　　　700毫升
盐　　　　适量

药材
当归　　　10克
川芎　　　5克
熟地黄　　15克
黑枣　　　6颗
炙甘草　　2片
桂枝　　　3克
白芍　　　15克

做法
1 将土鸡肉块洗净后，放入沸水中汆烫备用。
2 药材洗净沥干。
3 将土鸡肉块、药材、米酒和水放入电饭锅内锅中；外锅加2杯水（分量外），按下开关，煮至开关跳起后焖10分钟，加盐调味即可。

干贝蹄筋鸡汤

材料
干贝	20克
猪蹄筋	100克
乌鸡肉	200克
火腿	50克
姜片	15克

调料
盐	3/4小匙
鸡精	1/4小匙
水	500毫升

做法
1. 乌鸡肉洗净，剁小块；猪蹄筋及火腿洗净切小块，一起放入滚水中汆烫去血水后，再捞出用冷水冲凉，洗净备用。
2. 干贝用60毫升冷水（分量外）浸泡30分钟后，连汤汁与乌鸡肉块、猪蹄筋块、火腿块、姜片放入汤盅中，再加入500毫升水，盖上保鲜膜。
3. 将汤盅放入蒸笼中，以中火蒸1.5小时，取出后加入其余调料调味即可。

黑豆鸡汤

材料
黑豆60克，鸡肉800克，红枣6颗，姜片10克

调料
米酒2大匙，盐1小匙，热水800毫升

做法
① 将黑豆洗净，以200毫升水（分量外）浸泡5小时；红枣洗净备用。
② 鸡肉洗净；取一锅水（分量外）煮滚，放入鸡肉氽烫，捞出洗净，备用。
③ 电饭锅内锅放入黑豆、红枣、鸡肉、米酒、800毫升热水；外锅加2杯水（分量外），按下开关，煮至开关跳起，最后加入盐调味，焖10分钟即可。

人参鸡汤

材料
土鸡肉块900克

调料
米酒200毫升，盐少许，水900毫升

药材
人参须30克，天门冬15克，枸杞子10克，当归10克，黄芪10克

做法
① 土鸡肉块洗净后，放入沸水中氽烫备用。
② 药材洗净沥干。
③ 将土鸡肉块、药材、米酒和水放入电饭锅内锅中，外锅加1.5杯水（分量外），按下开关，待开关跳起后焖10分钟，加盐调味即可。

干贝莲藕鸡汤

🍥 材料
干贝3个，莲藕200克，鸡腿300克，莲子30克，姜片5克

🍶 调料
盐少许，米酒少许，水750毫升

🍲 做法
❶ 鸡腿洗净，冲沸水汆去血水，捞起以冷水洗净备用。

❷ 干贝以50毫升米酒（分量外）泡软；莲藕去皮，切片状；莲子洗净，备用。

❸ 取汤盅放入所有材料、水和其余调料，盖上保鲜膜，入锅蒸80分钟即可。

白果萝卜鸡汤

🍥 材料
白萝卜100克，土鸡肉200克，鲜白果40克，红枣5颗，姜片15克

🍶 调料
盐3/4小匙，鸡精1/4小匙，水500毫升

🍲 做法
❶ 土鸡肉剁小块，放入滚水中汆烫去血水，再捞出用冷水冲凉洗净，备用。

❷ 白萝卜去皮后切小块，与处理好的土鸡肉块、白果、红枣、姜片一起放入汤盅中，再加入水，盖上保鲜膜。

❸ 将汤盅放入蒸笼中，以中火蒸1.5小时，关火取出后，加入其余调料调味即可。

椰子鸡汤

材料
椰子　　　　1个
土鸡腿肉　　150克
枸杞子　　　3克
干山药　　　10克

调料
盐　　　　　1/2小匙
鸡精　　　　1/4小匙

做法

① 先拿锯刀在椰子顶部1/5处锯开椰子壳，拿掉盖子、倒出椰子汁，备用（将椰子壳放在碗上以免倾倒）。

② 土鸡腿肉剁小块，放入滚水中汆烫去血水，再捞出用冷水冲凉洗净，备用。

③ 将土鸡腿肉块与枸杞子、干山药一起放入椰子壳内，再将椰子汁倒回椰子壳内至约九分满，盖上椰子盖。

④ 将椰子放入蒸笼中，以中火蒸1小时，取出后加入所有调料调味即可。

木瓜黄豆鸡爪汤

材料

乌鸡爪300克，黄豆50克，青木瓜300克，胡萝卜80克，姜片15克

调料

米酒30毫升，盐1/2小匙，水500毫升

做法

1. 将乌鸡爪去趾甲，洗净切块，放入滚水中汆烫3分钟，捞起沥干备用。

2. 黄豆洗净，泡水6小时后，放入滚水中焯烫3分钟，捞起沥干备用。

3. 青木瓜去皮去籽后切块；胡萝卜去皮切块。

4. 将鸡爪、黄豆、青木瓜、胡萝卜、米酒和姜片、水，放入电饭锅内锅中，外锅加2杯水（分量外），按下开关，煮至开关跳起。

5. 打开锅盖，加入盐拌匀，焖约5分钟即可。

莲子鸡爪汤

材料

莲子50克，鸡爪300克，枸杞子5克，姜片8克

调料

水400毫升，盐1/2小匙，米酒30毫升

做法

1. 将鸡爪趾甲去掉，放入滚水中汆烫约半分钟后，洗净放入电饭锅内锅中。

2. 枸杞子及莲子洗净后，与姜片、水及米酒加入电饭锅的内锅中。

3. 电饭锅外锅加入2杯水（分量外），放入内锅，盖上锅盖后按下电饭锅开关，待开关跳起。

4. 再焖5分钟，开盖加入盐调味即可。

金针菜银耳鸡汤

材料
金针菜10克，银耳8克，土鸡肉200克，红枣6颗，姜片15克

调料
米酒10毫升，盐3/4小匙，鸡精1/4小匙，水500毫升

做法
1. 将土鸡肉剁小块，放入滚水中氽烫去血水，再捞出用冷水冲凉、洗净，放入汤盅中加入500毫升水，备用。
2. 银耳及金针菜以冷水浸泡5分钟，泡开后将银耳剥小块，再将银耳、金针菜捞出；与红枣、姜片、米酒一起加入汤盅中，盖上保鲜膜。
3. 将汤盅放入蒸笼中，以中火蒸1小时，蒸好取出后加入盐、鸡精调味即可。

山药薏米鸭汤

材料
山药100克，薏米1大匙，鸭1/2只，老姜片6片，葱白2根

调料
鸡精1/2小匙，绍兴酒1大匙，水1000毫升

做法
1. 薏米泡水4小时；山药去皮切块，焯烫后过冷水，备用。
2. 鸭肉剁小块、氽烫洗净，备用；老姜片、葱白用牙签串起，备用。
3. 取一内锅，放入薏米、山药、鸭肉、老姜片、葱白，再加入1000毫升水及其余调料。
4. 将内锅放入电饭锅里，外锅加入1杯水（分量外），盖上锅盖、按下开关，煮至开关跳起后，捞除老姜片、葱白即可。

百合芡实鸡汤

📃 材料
干百合25克，芡实20克，土鸡肉200克，桂圆肉20克，姜片15克

🥣 调料
盐3/4小匙，鸡精1/4小匙，水500毫升

🍲 做法
❶ 将土鸡肉剁小块，放入滚水中汆烫去血水，再捞出用冷水冲凉、洗净，放入汤盅中，加入500毫升水备用。

❷ 干百合浸泡在冷水中5分钟，泡软后倒去水，与桂圆肉、芡实及姜片一起加入汤盅中，盖上保鲜膜。

❸ 将汤盅放入蒸笼中，以中火蒸1小时，蒸好取出后加入其余调料调味即可。

雪蛤银耳鸡汤

📃 材料
干雪蛤3克，银耳6克，土鸡肉200克，红枣5颗，姜片15克

🥣 调料
盐3/4小匙，鸡精1/4小匙，水500毫升

🍲 做法
❶ 雪蛤用200毫升冷水（分量外）泡一晚后，挑去筋膜，放入滚水中汆烫；银耳泡水约5分钟，择小朵备用。

❷ 土鸡肉剁小块，放入滚水中汆烫去血水，再捞出用冷水冲凉洗净。

❸ 将处理好的土鸡肉块、雪蛤一起放入汤盅中，再加入500毫升水，续加入银耳与红枣、姜片，盖上保鲜膜。

❹ 将汤盅放入蒸笼中，以中火蒸1小时，蒸好取出后加入其余调料调味即可。

姜片鸭汤

材料
姜片　　　50克
鸭肉块　　600克

调料
盐　　　　1小匙
米酒　　　50毫升
香油　　　1大匙
水　　　　1000毫升

做法
1. 将鸭肉块放入沸水中，汆烫去血水备用。
2. 所有材料、水、米酒及香油放入电饭锅内锅，外锅加1杯水（分量外），盖上锅盖，按下开关，待开关跳起，续焖30分钟，加入盐调味即可。

关键提示　　麻油可以分成香油（黑麻油）、麻油（香油）两大类，香油味道与颜色都较重，常用来爆香或是炖煮；而麻油又称香油，大都用来拌菜或增添料理色泽。

芥菜排骨汤

材料
芥菜心100克，猪排骨200克，老姜片15克

调料
水800毫升，盐1/2小匙，鸡精1/2小匙，绍兴酒1小匙

做法
1. 将猪排骨剁块、汆烫洗净，备用。
2. 芥菜心洗净，削去老叶、切小块，汆烫后过冷水，备用。
3. 取一内锅，放入猪排骨、芥菜心，再加入老姜片、800毫升水及其余调料。
4. 将内锅放入电饭锅里，外锅加入1杯水（分量外），盖上锅盖、按下开关，煮至开关跳起后，捞除老姜片即可。

莲藕排骨汤

材料
莲藕100克，猪排骨200克，陈皮1片，老姜片10克，葱白2根

调料
水800毫升，盐1/2小匙，鸡精1/2小匙，绍兴酒1小匙

做法
1. 猪排骨剁小块、汆烫洗净，备用。
2. 莲藕去皮切片、焯烫后沥干；陈皮泡软，刮去内部白膜，备用。
3. 老姜片、葱白用牙签串起，备用。
4. 取一内锅，放入猪排骨、莲藕、陈皮、老姜片、葱白，再加入800毫升水及其余调料。
5. 将内锅放入电饭锅里，外锅加入1杯水（分量外），盖上锅盖、按下开关，煮至开关跳起后，捞除老姜片、葱白即可。

南瓜排骨汤

材料
南瓜100克，猪排骨200克，姜片15克，葱白2根

调料
盐1/2小匙，鸡精1/2小匙，绍兴酒1小匙，水800毫升

做法
1. 将猪排骨剁小块、氽烫洗净，备用。
2. 南瓜去皮切块，焯烫后沥干，备用。
3. 姜片、葱白用牙签串起，备用。
4. 猪排骨、南瓜、姜片、葱白放入内锅，再加入800毫升水及其余调料。
5. 将内锅放入电饭锅里，外锅加入1杯水（分量外），盖上锅盖、按下开关，煮至开关跳起后，捞除姜片、葱白即可。

杏仁鸡汤

材料
杏仁20克，土鸡1/2只，老姜片10克

调料
盐1/2小匙，鸡精1/2小匙，绍兴酒1小匙，水800毫升

做法
1. 杏仁洗净，用300毫升水泡8小时，再用果汁机打成汁，并过滤掉残渣，备用。
2. 土鸡剁小块、氽烫洗净，备用。
3. 取一内锅，放入杏仁汁、鸡块，再加入老姜片、500毫升水及其余调料。
4. 将内锅放入电饭锅里，外锅加入1杯水（分量外），盖上锅盖、按下开关，煮至开关跳起后，捞除姜片即可。

青木瓜排骨汤

材料

青木瓜100克，猪排骨200克，姜片10克，葱白2根

调料

水800毫升，盐1/2小匙，鸡精1/2小匙，绍兴酒1小匙

做法

1. 将猪排骨剁小块、汆烫洗净，备用。
2. 青木瓜去皮切块、焯烫后沥干，备用。
3. 姜片、葱白用牙签串起，备用。
4. 取一内锅，放入猪排骨、青木瓜、姜片、葱白，再加入800毫升水及其余调料。
5. 将内锅放入电饭锅里，外锅加入1杯水(分量外)，盖上锅盖、按下开关，煮至开关跳起后，捞除姜片、葱白即可。

苦瓜黄豆排骨汤

材料

苦瓜100克，黄豆1.5大匙，猪排骨200克，姜片10克，葱白2根

调料

盐1/2小匙，鸡精1/2小匙，绍兴酒1小匙，水800毫升

做法

1. 黄豆泡水8小时后沥干，备用。
2. 猪排骨剁块、汆烫洗净；姜片、葱白用牙签串起，备用。
3. 苦瓜竖剖去籽，削去白膜后切块，焯烫后沥干，备用。
4. 取一内锅，放入黄豆、猪排骨、姜片、葱白、苦瓜，再加入800毫升水及其余调料。
5. 将内锅放入电饭锅里，外锅加入1杯水（分量外），盖上锅盖、按下开关，煮至开关跳起后，捞除姜片、葱白即可。

PART 2

海鲜篇

　　用海鲜烹制菜肴，原料越新鲜，菜品鲜味越浓、腥味越少；反之则腥味浓、鲜味少。在烹制前将海鲜用食醋浸泡片刻，不仅可以除腥，还能提鲜。或者在烹制时加些姜，也能除腥。放的姜最好切小块，不要整块放入，也不宜切得太碎。

蒸煮海鲜好鲜美

解冻

　　有些海鲜是冷冻保存的，在烹调前要先冲冷水，或者直接浸泡在冷水中，让它完全解冻后再来处理。

吸干

　　在蒸海鲜之前，可先用厨房纸巾把水分吸干，再腌渍或铺上蒸酱，如此可避免多余的水分破坏蒸海鲜料理的鲜味。

腌渍

　　蒸煮海鲜料理之前，先将海鲜食材与酱料搅拌均匀，并静置5~10分钟至入味，蒸煮出来的味道才会更好。

调料

　　有的人不擅长烹调海鲜料理，是因为不知如何处理海鲜腥味，其实只要加入米酒和香油，就能有效去除腥味，并增添鲜香味。

包膜

　　在蒸料理前，包保鲜膜需封紧，避免过多水蒸气破坏料理的鲜味。而蒸完后显现的真空状态，才是封紧的证据。

起锅时间

　　当电饭锅跳起或煮滚后，要马上起锅，避免海鲜蒸煮过熟，失去弹性，否则吃起来味道就会差很多。

豆酥蒸鳕鱼

材料

鳕鱼	1片
葱	1根
大蒜	2瓣
红辣椒	1/3个

调料

豆酥酱	适量
（做法见P11）	

关键提示

豆酥使用前一定要先用平底锅炒过爆香，因为如果没预先炒过，会因为料理过程中变湿而造成味道不香；如果有多余的豆酥，需要放入冰箱冷藏保存。

做法

1. 先将鳕鱼洗净，再将鳕鱼用餐巾纸吸干水分备用。
2. 将葱、大蒜瓣、红辣椒都洗净，切成碎状备用。
3. 将豆酥酱备好。
4. 取一个炒锅，先加入1大匙色拉油（材料外），放入大蒜蓉、葱、红辣椒，以小火先爆香，接着加入豆酥酱，炒至香味释放出来后关火备用。
5. 把鳕鱼放入盘中，再将炒好的调味酱均匀地裹在鳕鱼外面。
6. 将裹好酱汁的鳕鱼用耐热保鲜膜将盘口封起来，再放入电饭锅，于外锅加入1杯水，蒸15分钟至熟即可。

豆豉蒸鱿鱼

材料
小鱿鱼6只，红辣椒1/3个，大蒜2瓣

调料
豆豉酱适量（做法见P11）

做法
1. 先将鱿鱼去头、去内脏，洗净备用。
2. 红辣椒、大蒜瓣都洗净，切片备用。
3. 取一个圆盘，把鱿鱼放入圆盘中，再放上红辣椒、大蒜瓣与豆豉酱。
4. 最后用耐热保鲜膜将盘口封起来，放置于电饭锅中，于外锅加入2/3杯水，蒸10分钟至熟即可。

枸杞子蒸鲜虾

材料
枸杞子1大匙，基围虾200克，姜10克，大蒜3瓣，葱1根

调料
米酒2大匙，盐少许，白胡椒粉少许，香油1小匙

做法
1. 先将基围虾洗净后，以剪刀剪去脚与须，再于背部划刀，去泥肠备用。
2. 把姜洗净切成丝状；大蒜洗净切末；葱洗净切碎；枸杞子泡入水中至软备用。
3. 取一容器放入姜丝、大蒜末、葱、枸杞子和调料，搅拌均匀备用。
4. 取一个圆盘，将基围虾排整齐，再加入调好的调料，用耐热保鲜膜将盘口封起来。
5. 将盘放入电饭锅中，于外锅加入1杯水，蒸12分钟即可。

破布子蒸鲜鱼

材料

赤鯮鱼	1条
姜	5克
红辣椒	1/3个
葱	1根
香菜	少许

调料

破布子酱　适量
（做法见P11）

做法

1. 先将赤鯮鱼刮去鱼鳞、去除内脏，洗净备用。
2. 姜洗净切丝；红辣椒洗净切片；葱切丝备用。
3. 将处理好的鱼放入圆盘中，再放上红辣椒、姜、葱，淋上破布子酱。
4. 最后用耐热保鲜膜将盘口封起来，再放入电饭锅中，于外锅加入1杯水，蒸15分钟至熟，撒上香菜即可。

> **关键提示**
> 破布子（又称为树子或甘树子）十分适合用来蒸海鲜，在料理中加入少许的破布子汤汁，蒸出来的海鲜往往味道极佳，更能增添海鲜的鲜味。

豆瓣蒸鱼片

材料
鲷鱼片1片，姜5克，大蒜3瓣，红辣椒1/3个，香菜少许

调料
豆瓣酱1大匙，酱油1小匙，香油1小匙，盐少许，白胡椒粉少许，米酒1大匙

做法
1. 先将鲷鱼片洗净，再切成大块状备用。
2. 把姜洗净切成丝状；大蒜、红辣椒都洗净切成片状备用。
3. 取一容器，将所有的调料加入，混合拌匀备用。
4. 取一圆盘，把切好的鱼片放入，再放入姜丝、大蒜片、红辣椒和所有调料。
5. 最后用耐热保鲜膜将盘口封起来，再放入电饭锅中，于外锅加入2/3杯水，蒸10分钟至熟，撒上香菜即可。

蚝油蒸鲍鱼

材料
鲍鱼1个，葱1根，大蒜2瓣，蘑菇1个

调料
蚝油1大匙，盐少许，白胡椒粉少许，米酒1小匙，香油1小匙，白糖1小匙

做法
1. 先将鲍鱼洗净，切成片状备用。
2. 将葱洗净切段；大蒜、蘑菇洗净切片备用。
3. 取一容器，放入所有调料，混合拌匀备用。
4. 取一盘，先放上鲍鱼，再放入葱、蘑菇、大蒜，接着将所有的调料加入后，用耐热保鲜膜将盘口封起来。
5. 最后将盘放入电饭锅中，于外锅加入1/3杯水，蒸8分钟至熟即可。

粉丝蒸扇贝

做法

1. 把葱、姜、大蒜瓣皆洗净切末；粉丝泡冷水15分钟至软化；扇贝挑去泥肠、洗净、沥干水分后，整齐排至盘上，备用。

2. 将每个扇贝上先铺少许粉丝，洒上米酒及大蒜末，放入蒸笼中以大火蒸5分钟至熟，取出，把葱末、姜末铺于扇贝上。

3. 热锅，加入20毫升色拉油烧热后，淋至扇贝上，再将蚝油、酱油、水及白糖煮开淋在扇贝上即可（可加少许葱丝装饰）。

丝瓜蒸虾仁

材料

丝瓜1个，虾仁100克，姜丝10克

调料

Ⓐ 盐 1/4小匙，白糖 1/2小匙，米酒 1小匙，水 1大匙 Ⓑ 香油 1小匙

做法

❶ 丝瓜用刀刮去表面粗皮，洗净后对剖成4瓣，切去带籽部分后，切成小段，排放在盘上；虾仁洗净后备用。

❷ 将虾仁摆在丝瓜上，再将姜丝排放于虾仁上，调料A调匀淋上后，用保鲜膜封好。

❸ 电饭锅外锅加入1/2杯水，放入蒸架后，将虾放置于架上，盖上锅盖，按下开关，蒸至开关跳起，取出后淋上香油即可。

蒜味蒸孔雀贝

材料

大蒜3瓣，孔雀贝300克，罗勒若干，姜10克，红辣椒 1/3个

调料

酱油1小匙，香油1小匙，米酒2大匙，盐少许，白胡椒粉少许

做法

❶ 孔雀贝洗净，放入滚水中氽烫备用。

❷ 姜、大蒜、红辣椒洗净切片；罗勒洗净。

❸ 取一个容器，加入所有的调料，再混合拌匀备用。

❹ 将孔雀贝放入圆盘中，再放入姜片、大蒜片、红辣椒、罗勒和所有调料。

❺ 最后用耐热保鲜膜将盘口封起来，再放入电饭锅中，于外锅加入1杯水，蒸15分钟至熟即可。

葱油蒸虾仁

材料

虾仁	120克
葱丝	30克
姜丝	15克
红辣椒丝	15克

调料

蚝油	1小匙
酱油	1小匙
白糖	1小匙
色拉油	2大匙
米酒	1小匙
水	2大匙

做法

1. 虾仁洗净后，排放在盘中备用。
2. 将色拉油、葱丝、姜丝及红辣椒丝混合，加入所有调料拌匀后，淋至虾仁上。
3. 电饭锅外锅加入1/2杯水，放入蒸架后将虾仁放置于架上，盖上锅盖，按下开关，蒸至开关跳起即可。

香菇镶虾浆

材料
鲜香菇10朵, 虾仁150克, 葱花20克, 姜末10克,
香菜少许

调料
A 盐1/4小匙, 鸡精1/4小匙, 白糖1/4小匙 B 淀
粉1大匙, 香油1大匙

做法
① 虾仁挑去泥肠、洗净、沥干水分, 用刀背
拍成泥, 加入葱花、姜末及调料A搅拌均
匀, 再加入调料B, 拌匀后成虾浆。
② 鲜香菇泡水5分钟后, 挤干水分, 底部向上平铺
于盘上, 再撒上一层薄薄的淀粉(分量外)。
③ 将虾浆平均置于鲜香菇上, 均匀地抹成小
丘状, 重复此步骤至材料用毕。
④ 电饭锅外锅加入1/2杯水, 放入蒸架后将香
菇整盘放置架上, 盖上锅盖, 按下开关,
蒸至开关跳起, 撒上香菜即可。

酱冬瓜蒸鱼

材料
酱冬瓜35克, 草鱼片250克, 大蒜末10克, 葱末
10克, 红辣椒末5克, 葱段10克, 姜片10克

调料
白糖1小匙, 米酒 1大匙

做法
① 草鱼片洗净, 淋上热水去腥, 沥干备用。
② 酱冬瓜剁碎, 加入所有调料拌匀备用。
③ 取一蒸盘, 放入葱段、姜片及草鱼片, 淋
上酱冬瓜碎, 再撒上大蒜末备用。
④ 水煮开后放入蒸盘, 以大火蒸6分钟, 取出
后趁热加入葱末、红辣椒末即可。

清蒸鱼卷

材料

鱼肚档250克，香菇4朵，姜丝40克，豆腐块100克，葱丝30克，红辣椒丝10克，香菜10克

调料

鱼露2大匙，冰糖1小匙，香菇精1小匙，水100毫升，米酒1大匙，香油2大匙，色拉油2大匙，黑胡椒粉1/2小匙

做法

❶ 鱼肚档洗净切片；豆腐洗净切片后铺于盘中；香菇洗净切成丝，备用。鱼露、冰糖、香菇精、水、米酒一起调匀后备用。

❷ 将鱼肚档片包入香菇丝、姜丝后卷起来，放在排好的豆腐片上。

❸ 将调好的调料淋在卷好的鱼卷上，放入蒸笼以大火蒸8分钟。

❹ 将蒸好的鱼卷取出，撒上葱丝、红辣椒丝、香菜及黑胡椒粉，淋上香油、色拉油即可。

蒜蒸鳝鱼

材料

大蒜末20克，鳝鱼片150克，葱1根

调料

Ⓐ 辣椒酱1大匙，酒酿1大匙，酱油1小匙，白糖1小匙，蒸肉粉2大匙，香油1大匙 Ⓑ 白醋1大匙

做法

❶ 鳝鱼片洗净后沥干，切成长5厘米的鱼片；葱洗净切丝，备用。

❷ 将鳝鱼片、大蒜末与调料A一起拌匀后，腌渍约5分钟后装盘。

❸ 电饭锅外锅加入1/2杯水，放入蒸架后，将鳝鱼片放置于架上，盖上锅盖，按下开关，蒸至开关跳起，取出撒上葱丝，淋上白醋即可。

泰式蒸鱼

🍲 材料

鲜鱼	1条（约230克）
番茄	1/2个（约90克）
柠檬	1/2个
大蒜末	5克
香菜	6克
红辣椒	1个

🍶 调料

鱼露	1大匙
白醋	1小匙
盐	1/4小匙
白糖	1/2小匙

📋 做法

1. 鲜鱼处理好，洗净后，在鱼身两侧各划2刀，划深至骨头处，但不切断，置于盘上；柠檬榨汁；番茄洗净切丁；香菜、红辣椒洗净切碎，备用。

2. 将大蒜末与柠檬汁、番茄丁、香菜碎、红辣椒碎，及所有调料一起拌匀后，淋至处理好的鲜鱼上。

3. 电饭锅外锅加入1/2杯水，放入蒸架后，将鲜鱼放置于蒸架上，盖上锅盖，按下开关，蒸至开关跳起即可。

> **关键提示**　洗鱼时，要将鱼鳃掀开连同口腔一起洗，才能将鱼洗干净，并能有效去除腥味；蒸好的鱼若要换盘上桌，最好将盘子先用热水烫过，这样鱼肉就不会因温度下降而影响口味。

和露酱鱼片

材料
鲷鱼片1片，洋葱1/3个，芹菜2根，香菜2棵，大蒜2瓣，红辣椒1/3个

调料
和露酱适量（做法见P9），清水500毫升

做法

① 先将鲷鱼洗净，再切成小片状备用。

② 将洋葱洗净切丝；大蒜瓣切片；红辣椒洗净切丝；芹菜、香菜洗净切段备用。

③ 取一个炒锅，先加入1大匙色拉油（材料外），再加入香菜段、洋葱、大蒜片、红辣椒和芹菜，以中火爆香，再加入所有调料以中火煮至滚沸。

④ 加入切好的鱼片煮至滚沸，关火盛入盘中即可。

醋味煮鱼下巴

材料
鲷鱼下巴200克，洋葱1/3个，葱1根

调料
白醋3大匙，香油1小匙，米酒2大匙，盐少许，黑胡椒粉少许

做法

① 先将鲷鱼下巴洗净，再对切备用。

② 将洋葱洗净切成丝状；葱洗净切段备用。

③ 取一个汤锅，先加入1大匙色拉油（材料外），再加入洋葱丝与葱段，以中火先爆香。

④ 最后加入切好的鲷鱼下巴与所有的调料，以中火煮滚即可，捞出后用葱丝和红辣椒丝（皆材料外）装饰。

葱味白灼虾

材料

草虾	200克
葱	2根
姜	10克
红辣椒	1/2个

调料

米酒	3大匙
香油	1小匙
盐	少许
白胡椒粉	少许

做法

1. 先将草虾洗净，剪去脚与须，再以菜刀于背部划刀，挑去泥肠备用。
2. 把葱洗净切段；红辣椒洗净切圈；姜洗净切片。
3. 将处理好的草虾放入滚水中，汆烫至熟备用。
4. 取一容器，加入姜、葱、红辣椒及所有的调料混合拌匀。
5. 最后加入汆烫好的草虾一起搅拌均匀，盛入盘中即可。

关键提示　葱味白灼虾料理的重点：快速将鲜虾汆烫，再加入切好的葱与米酒、酱汁，搅拌均匀即可；虾烹调前先切背去泥肠，这样可以帮助入味。

姜丝煮蛤蜊

材料

蛤蜊300克，葱2根，姜15克

调料

米酒3大匙，盐少许，白胡椒粉少许，香油1小匙

做法

① 先将蛤蜊洗净，取一锅，放入蛤蜊、适量的冷水与盐，将蛤蜊静置吐沙1小时备用。

② 把葱洗净切段；姜洗净切丝备用。

③ 取一个汤锅，加入吐过沙的蛤蜊、葱、姜丝，以及其余调料，最后以中火煮至滚沸，再捞除表面的气泡，盛出即可。

水煮鲑鱼

材料

鲑鱼1片，大蒜2瓣，香菇2朵，西蓝花20克

调料

米酒2大匙，白醋1小匙，水400毫升，盐少许，白胡椒粉少许

做法

① 先将鲑鱼去除鱼刺再洗净备用。

② 将大蒜切片；香菇洗净切片；西蓝花洗净，择成小朵状备用。

③ 取一个汤锅，加入鲑鱼、大蒜、香菇、西蓝花及所有的调料，以大火煮至滚沸后再转小火，最后捞除杂质即可盛盘，用红甜椒丁（材料外）装饰。

菠萝虾仁

材料

虾仁250克，罐头菠萝1罐（约200克），海苔美奶滋适量

做法

1. 将虾仁洗净，去背部泥肠，再放入滚水中汆烫，捞起备用。
2. 将罐头菠萝中的汤汁沥干，切成大块状备用。
3. 将切好的菠萝块放入盘中铺底，再放入汆烫好的虾仁，最后淋上海苔美奶滋即可。

> **海苔美奶滋**
>
> **材料：** 美奶滋3大匙，海苔粉少许，白醋1小匙，盐少许，白胡椒粉少许
>
> **做法：** 将所有的材料混合均匀即可。

姜丝蛤蜊汤

材料

蛤蜊300克，姜丝30克，豆腐100克，葱花适量

调料

盐1小匙，鸡精2小匙，米酒1小匙，香油1小匙，水800毫升

做法

1. 蛤蜊浸泡清水至吐沙备用；豆腐切块。
2. 取一锅，放入800毫升清水煮至沸腾，再放入豆腐块、姜丝、蛤蜊煮至壳打开。
3. 加入其余调料拌匀后关火，再加入葱花、香油即可。

凉拌鱿鱼

材料
鱿鱼2尾，姜5克，红辣椒1个，香菜2棵，绿豆芽20克

调料
蚝油葱酱适量

做法
1. 首先将鱿鱼肚子剖开洗净，切圈备用。
2. 将姜、红辣椒洗净切成丝状；香菜洗净切碎。
3. 将鱿鱼圈和洗净的绿豆芽分别放入滚水中氽烫备用。
4. 将氽烫过的鱿鱼圈、绿豆芽和姜、红辣椒、香菜混合均匀，再淋入蚝油葱酱即可。

蒜味牡蛎

材料
牡蛎300克，姜5克，罗勒叶少许

调料
葱花蒜蓉酱适量，淀粉3大匙

做法
1. 将牡蛎洗净，滤干水分备用。
2. 将洗净的牡蛎沾上少许的淀粉，放入水温约60℃的热水中轻轻地氽烫1分钟，捞入盘中备用。
3. 再将姜切丝放入盘中，用罗勒叶装饰，搭配葱花蒜蓉酱食用即可。

> 葱花蒜蓉酱
> **材料：** 大蒜碎2大匙，葱碎1匙，番茄酱5大匙，香油1小匙，盐少许，白胡椒粉少许，米酒1大匙
> **做法：** 将所有材料混合均匀即可。

味噌酱鱼片

材料
鲷鱼片 1 片，姜 6 克，芹菜 3 根，红辣椒 1 个

调料
味噌酱油酱适量

做法
1. 首先将鱼肉洗净，切成大片状，放入80℃的热水中，氽烫1分钟捞起备用。
2. 将芹菜洗净切成段状；红辣椒、姜洗净切丝，都放入滚水中焯烫捞起备用。
3. 将所有材料混匀放入盘中，再淋入味噌酱油酱即可。

> **味噌酱油酱**
> **材料：** 白味噌2大匙，香油1小匙，酱油1小匙，白糖1大匙，开水1大匙
> **做法：** 将所有材料混合均匀，至白糖完全溶解即可。

梅酱芦笋虾

材料
芦笋 220克，基围虾10只

调料
紫苏梅酱适量

做法
1. 芦笋洗净，切去接近根部较老的部分，放入滚水中焯烫10秒即捞起，以冰水浸泡变凉后装盘。
2. 基围虾洗净，放入滚水中氽烫20秒后，捞起剥去壳，排放至芦笋上。
3. 将紫苏梅酱淋至芦笋虾上即可。

泰式鲜蔬墨鱼

🥘 材料

墨鱼	200克
圣女果	5个
蘑菇	20克
玉米笋	3个
大蒜末	10克
红辣椒末	10克
红葱头片	少许

🧂 调料

柠檬汁	20毫升
鱼露	50毫升
白糖	20克
酱油	适量

📋 做法

1. 墨鱼洗净切片，放入滚水中汆烫至熟，以冷开水冲凉、捞起；圣女果洗净后对切，备用。

2. 新鲜蘑菇洗净、切片；玉米笋洗净后斜切小段；将蘑菇片与玉米笋段皆焯烫后捞起，备用。

3. 取一碗，将所有调料混匀成酱汁备用。

4. 取一调理盆，放入墨鱼、圣女果、蘑菇、玉米笋、其余所有材料及调好的酱汁，搅拌均匀后盛盘即可。

泰式酸辣干贝

材料

干贝15个，生菜叶1片，大蒜末20克，红辣椒末20克，香菜末20克

调料

柠檬汁20毫升，鱼露50毫升，白糖20克

做法

1. 将干贝洗净，放入滚水中汆烫至熟取出，以冷开水冲凉、捞起沥干备用。
2. 生菜叶洗净，先铺于盘内备用。
3. 取一调理盆，放入所有调料、大蒜末、红辣椒末及香菜末，搅拌混合成淋酱备用。
4. 将干贝摆放于铺好生菜的盘中，再均匀淋上调好的淋酱即可。

番茄酱鱼块

材料

鲷鱼片1片，番茄1个，红椒丝、香菜碎各少许

调料

番茄酱适量

做法

1. 将鲷鱼片洗净切成块状，再放入滚水中汆烫至熟备用。
2. 将番茄洗净，切小块状。
3. 最后将鲷鱼片和番茄块混匀，加入番茄酱、红椒丝、香菜碎拌匀即可。

五味酱鱼片

🐟 材料

鲷鱼片	400克
姜片	适量
葱段	适量

🧂 调料

五味酱	适量
米酒	适量

🍳 做法

① 鲷鱼片洗净，切厚片备用。

② 热一锅水，加入姜片、葱段煮沸后，加入米酒和鲷鱼片煮至沸腾后，关火盖上锅盖焖2分钟。

③ 捞出鲷鱼片沥干盛盘，淋上适量的五味酱即可。

五味酱

材料： 大蒜末10克，姜末10克，葱末10克，红辣椒末10克，香菜末10克，陈醋1大匙，白醋1大匙，白糖2大匙，酱油2大匙，酱油膏1大匙，番茄酱2大匙

做法： 取一容器，将全部材料搅拌均匀即可。

白萝卜鲜虾汤

材料

草虾12只，白萝卜120克，姜片10克，豆腐1块（约120克），干海带15克，葱段适量

调料

水600毫升，盐1/4小匙，柴鱼粉1/2小匙，味噌1大匙

做法

① 海带泡水10分钟，取出放入汤锅（或内锅）中；白萝卜去皮后与豆腐都切小块；草虾洗净剪掉长须后，连同葱段、姜片、水一起放入汤锅（或内锅）中。

② 电饭锅外锅加入1杯水（分量外），放入汤锅（或内锅），盖上锅盖，按下开关，煮至开关跳起。

③ 取出后倒入砂锅中，再加入盐、柴鱼粉、味噌调味即可。

米酒虾

材料

鲜虾500克，姜片10克，当归3克，枸杞子5克，红枣5颗

调料

米酒100毫升，白糖1小匙，盐1/2小匙，水500毫升

做法

① 鲜虾洗净剔除泥肠，剪除触须；所有药材稍微洗过后沥干，备用。

② 将所有材料、水、米酒放入电饭锅内锅，外锅加1/4杯水（分量外）；盖上锅盖，按下开关，待开关跳起后，加入其余调料即可。

黑豆鲫鱼汤

材料

黑豆	100克
鲫鱼	1条
老姜片	15克
葱白	4根

调料

盐	1小匙
鸡精	1/2小匙
米酒	1大匙
水	800毫升

做法

1. 黑豆泡水8小时后沥干，备用。
2. 鱼清洗，处理干净后，用纸巾吸干水分，备用。
3. 热锅，加入适量色拉油（材料外），放入处理好的鱼，煎至两面金黄后，放入姜片、葱白也煎至金黄，备用。
4. 取一内锅，放入黑豆和鱼，再加入800毫升水及所有调料。
5. 将内锅放入电饭锅里，外锅加入1.5杯水（分量外），盖上锅盖、按下开关，煮至开关跳起后，捞除老姜片、葱白即可。

当归虾

📋 **材料**
当归5克，鲜虾300克，枸杞子8克，红枣5克，姜片15克

🥫 **调料**
米酒1小匙，水800毫升，盐1/2小匙

📖 **做法**
① 鲜虾洗净、剪掉长须后，置于汤锅（或内锅）中，将当归、红枣、枸杞子、米酒与姜片、水一起放入汤锅（或内锅）中。
② 电饭锅外锅加入1杯水（分量外），放入汤锅（或内锅），盖上锅盖，按下开关，煮至开关跳起。
③ 倒出后，加入盐调味即可。

当归鳝鱼

📋 **材料**
当归5克，鳝鱼300克，枸杞子5克，姜片20克

🥫 **调料**
米酒50毫升，盐1/2小匙，水300毫升

📖 **做法**
① 鳝鱼洗净，切去鱼头，掏净内脏后切大片，备用。
② 煮一锅水（分量外），将鳝鱼下锅汆烫5秒钟，取出泡冷水，洗去表面黏膜。
③ 将汆过的鳝鱼放入电饭锅内锅，加入当归、枸杞子、水、姜片及米酒，外锅加1杯水（分量外），盖上锅盖，按下开关。
④ 煮至开关跳起，加盐调味即可。

姜丝鲜鱼汤

材料

姜	30克
鲜鱼	1条
葱	1根
枸杞子	1大匙

调料

盐	少许
米酒	2大匙
水	4杯

做法

1. 鲜鱼去鳞、去内脏后，洗净切大块；姜洗净切丝；葱洗净切段，备用。

2. 取一内锅，加4杯水，放入电饭锅中，外锅放1/2杯水（分量外），盖上锅盖后按下开关。

3. 待内锅的水滚后开盖，放入鲜鱼、姜丝、米酒、葱段。

4. 外锅再放1/2杯水（分量外），盖上锅盖后按下开关，待开关跳起后，加盐调味，撒上枸杞子即可。

关键提示 鱼肉非常容易熟，如果炖煮太久，肉质会变老变涩且容易散开，吃起来口感不好。因此外锅先用1/2杯水将内锅中的水煮沸后，外锅再加1/2杯水，放入鱼肉炖煮就不会煮过头了。

味噌鲜鱼汤

📋 **材料**
鲜鱼1条，葱1根

📋 **调料**
味噌4大匙，水4杯

📋 **做法**
1. 鲜鱼去鳞、去内脏，洗净切块；葱洗净，切葱花，备用。
2. 取一内锅，加4杯水后放入电饭锅中，外锅放1杯水（分量外），盖上锅盖后按下开关。
3. 待锅内水滚后放入鲜鱼块，盖上锅盖待水再度滚沸时，放入味噌搅拌均匀，撒入葱花即可。

番茄鱼汤

📋 **材料**
番茄1个，炸鱼1条，葱1根

📋 **调料**
盐少许，番茄酱5大匙，白糖1大匙，水5杯

📋 **做法**
1. 葱洗净切段；番茄洗净去蒂头，切块；炸鱼切块，备用。
2. 取一内锅，放入葱段、番茄块、番茄酱、白糖、水，放入电饭锅中，外锅放1杯水（分量外），按下开关。
3. 待开关跳起，放入炸鱼块，外锅再放1/2杯水（分量外），按下启动开关，待开关跳起，加盐调味即可。

黄豆煮鲫鱼

材料

黄豆50克，鲫鱼2条（约500克），姜丝20克

调料

绍兴酒30毫升，盐1/2小匙，水400毫升

做法

① 鲫鱼去鳃及内脏后洗净；黄豆洗净后泡水6小时，沥干备用。

② 煮一锅水（分量外），水滚后将鲫鱼下锅，汆烫5秒钟即取出泡水。

③ 将汆过的鲫鱼放入电饭锅内锅，加入水、黄豆、姜丝、绍兴酒。

④ 外锅加2杯水（分量外），盖上锅盖，按下开关。

⑤ 待开关跳起后，加入盐调味即可。

药材泥鳅汤

材料

人参须7克，当归3克，枸杞子5克，泥鳅600克，姜片20克

调料

盐少许，水500毫升

做法

① 将泥鳅洗净，去内脏。

② 煮一锅水（分量外），水滚后将泥鳅下锅汆烫5秒钟，取出泡冷水，洗去泥鳅表面黏膜。

③ 将汆过的泥鳅放入电饭锅内锅，加入人参须、当归、枸杞子、姜片、水及米酒，外锅加1杯水（分量外），盖上锅盖，按下开关。

④ 煮至开关跳起，加盐调味即可。

枸杞子鲜鱼汤

材料

枸杞子	20克
鲜鱼	700克
姜丝	10克
黄芪	20克

调料

盐	1小匙
米酒	30毫升
水	800毫升

做法

1. 鲜鱼处理好洗净后备用。
2. 将所有材料、水、米酒放入内锅，外锅加1/2杯水（分量外），盖上锅盖，按下开关，待开关跳起，加入盐调味即可。

赤小豆冬瓜鱼汤

🥘 材料

赤小豆	1大匙
冬瓜	100克
鳟鱼	1条
老姜片	15克
葱白	4根

🧂 调料

水	800毫升
盐	适量

🍲 做法

1. 赤小豆泡水3小时后沥干；冬瓜带皮洗净、切块，焯烫后过冷水，备用。

2. 鱼清洗、处理干净后切大段，用纸巾吸干水分，备用。

3. 热锅，加入适量色拉油（材料外），放入鱼块，煎至两面金黄后放入老姜片、葱白也煎至金黄，备用。

4. 取一内锅，倒入鱼块、赤小豆、冬瓜，再加入800毫升水及盐。

5. 将内锅放入电饭锅里，外锅加入1.5杯水（分量外），盖上锅盖、按下开关，煮至开关跳起后，捞除老姜片、葱白即可。

药膳鱼汤

材料
牛蒡片200克，当归3片，川芎5片，桂枝8克，黄芪10片，人参须1小束，石斑鱼600克（切段），红枣30克，姜片10克

调料
盐1小匙，米酒60毫升，水2000毫升

做法
1 石斑鱼段放入滚水中氽烫，捞出后洗净备用。
2 取内锅，放入所有材料、水、米酒，再放入电饭锅中。
3 外锅放2杯水（分量外），按下开关。
4 待开关跳起，加入盐即可。

白萝卜丝鲈鱼汤

材料
白萝卜400克，鲈鱼1条（约500克），枸杞子3克，姜丝10克

调料
米酒30毫升，盐1/2小匙，水600毫升

做法
1 鲈鱼剪去鱼鳍后，去内脏，洗净切块；白萝卜去皮后切丝，放入电饭锅内锅中。
2 煮一锅水，水滚后将鱼块下锅，氽烫5秒钟立即取出泡水。
3 将鱼放入电饭锅内锅，并加入水、枸杞子、姜丝、米酒。
4 外锅加1/2杯水（分量外），盖上锅盖，按下开关。
5 待开关跳起后，加入盐调味即可。

枸杞子花雕虾

材料

虾	500克
枸杞子	3克
人参须	5克

调料

花雕酒	100毫升
盐	1/2小匙
白糖	1小匙
水	200毫升

做法

① 虾去泥肠，剪去长须后洗净，备用。

② 人参须、枸杞子与虾放入电饭锅内锅。

③ 在内锅加入花雕酒及水，外锅加1/4杯水（分量外），盖上锅盖，按下开关。

④ 待开关跳起后，加入盐调味即可。

鱿鱼螺肉汤

材料
泡发鱿鱼1只，螺肉罐头1罐，青蒜适量

调料
盐少许，水400毫升

做法
1. 螺肉罐头打开，将汤汁与螺肉分开；泡发鱿鱼洗净切条，切花刀；青蒜洗净切斜段，备用。
2. 取一内锅，放入螺肉汤汁及400毫升水。
3. 内锅放入电饭锅中，外锅放1杯水（分量外），盖上锅盖后按下开关，待水滚后放入鱿鱼条、螺肉及盐。
4. 起锅前加入青蒜段即可。

山药鲈鱼汤

材料
山药200克，鲈鱼700克，姜丝10克，枸杞子10克

调料
盐1小匙，米酒30毫升，水800毫升

做法
1. 鲈鱼洗净后切块；山药去皮切小块。
2. 将所有材料、水、米酒放入电饭锅内锅中，外锅加1/2杯水（分量外），盖上锅盖，按下开关，待开关跳起，加入盐调味即可。

酸辣海鲜汤

材料

鲜虾6只，乌贼1只，蛤蜊6个，圣女果6个，罗勒适量

调料

泰式酸辣酱6大匙，柠檬汁2大匙，水6杯

做法

1. 圣女果洗净切半；虾洗净，头尾分开；乌贼去内脏，洗净切圈形；蛤蜊泡水至吐沙洗净，备用。
2. 取一内锅，放入虾头及6杯水。
3. 将内锅放入电饭锅中，外锅放1杯水（分量外），盖上锅盖后按下开关，待开关跳起后，放入泰式酸辣酱拌匀。
4. 外锅再放1/2杯水（分量外），按下开关，放入圣女果、虾身、乌贼、蛤蜊，盖上锅盖后按下开关，待开关跳起，加柠檬汁及罗勒即可。

草菇海鲜汤

材料

草菇100克，蟹肉100克，鲜虾6只，乌贼1只，蛤蜊6个，洋葱1/2个，西芹1根

调料

盐少许，鲜奶油1杯，水6杯

做法

1. 草菇洗净沥干；蟹肉用热开水洗过；虾洗净，头尾分开；乌贼去内脏，洗净切圈状；蛤蜊泡水至吐沙洗净，备用。
2. 西芹洗净切段；洋葱洗净切块，备用。
3. 外锅洗净按下开关加热，外锅中倒入少许色拉油（材料外），放入洋葱块、西芹段炒香后，加6杯水。
4. 按下开关，盖上锅盖煮10分钟，开盖放入草菇和所有海鲜料，盖上锅盖续煮5分钟，加鲜奶油、盐调味即可。

黄豆芽蛤蜊汤

材料
黄豆芽100克，蛤蜊6个，豆腐1块，韩式泡菜100克

调料
韩式辣椒酱3大匙，韩式辣椒粉2大匙，盐少许，水6杯

做法
1. 黄豆芽洗净；蛤蜊泡水吐沙洗净；豆腐切小块，备用。
2. 取一内锅，放入黄豆芽、泡菜、韩式辣椒酱、韩式辣椒粉及水。
3. 将内锅放入电饭锅中，外锅放1杯水（分量外），盖上锅盖后按下开关。
4. 待开关跳起，再放入蛤蜊，外锅再放1/2杯水（分量外），盖上锅盖，按下启动开关，待开关跳起后，加盐调味即可。

萝卜泥牡蛎汤

材料
白萝卜1个，牡蛎300克

调料
酱油3大匙，盐1/2小匙，水3杯，淀粉适量

做法
1. 白萝卜磨泥；牡蛎洗净，裹上一层薄薄的淀粉备用。
2. 取一内锅，放入白萝卜泥及水，再加入酱油拌匀。
3. 将内锅放入电饭锅中，外锅放1杯水（分量外），盖上锅盖后按下开关，待开关跳起后，放入牡蛎。
4. 外锅再放1/2杯水（分量外），盖上锅盖按下开关，待开关跳起后，加入盐调味即可。

PART 3

蔬果篇

　　蔬菜、水果中含有较多的维生素，以炸、煎、炒的方式烹饪，极易流失。而通过蒸煮的方式，蔬果维生素损失相对小得多。蒸是以水蒸气为传热介质，而煮是以汤汁为传热介质，这两种烹饪方式虽然也会损失一定维生素，但相比其他方式来说，营养价值更高。

蒸煮蔬食好清甜

去蒂

在处理会滚动的蔬果时，可以先去蒂，如此就能平放在砧板上，再剖开切块，就不会切到手。

刨丝切块

蒸煮蔬食前，先将比较难熟的根茎类刨丝或切块，除可节省烹调时间，也可避免食材蒸煮过熟而不好吃。

冷泡发

泡发香菇等干货时，最好用冷水，因为热水会破坏干货特有的香味物质，减少烹调后的食材香气。

过油

蒸煮蔬食前先过油，除了可以让食材定色，还可以避免食材糊化，这样才能蒸煮出好看又好吃的料理。

下锅顺序

下锅水煮时，慢熟的要早下锅，快熟的可稍后再下锅。这样可避免食材有的已软烂有的不熟，保证蔬食的爽脆。

水量

下锅煮时，要配好水量，水量高度要超过食材，这样才能让食材均匀受热。

白菜卷

📋 材料

白菜叶	4片
猪绞肉	150克
虾仁	150克
荸荠	6颗
大蒜末	10克
姜末	10克
香菜	少许

🍶 调料

Ⓐ

盐	1/2小匙
鸡精	1/4小匙
白糖	1/4小匙
陈醋	1小匙
米酒	1大匙
胡椒粉	少许
香油	1小匙

Ⓑ

香油	少许
盐	少许
高汤	150毫升

Ⓒ

淀粉	1/2小匙
水淀粉	少许

🍳 做法

❶ 将白菜外叶完整剥下，用水一片片洗净后沥干，再放入滚水中焯烫、捞出备用。

❷ 虾仁洗净去泥肠、剁成泥状；荸荠洗净去皮，拍扁后剁碎。

❸ 取碗，放入虾泥、荸荠泥、猪绞肉、大蒜末、姜末、淀粉和调料A，一起搅拌至黏稠状，即为馅料。

❹ 先取一片白菜叶铺平，放入适量馅料后，再将白菜卷起包好，重复此动作至白菜叶用毕。

❺ 取一蒸锅，将白菜卷放入蒸锅中，以大火蒸15分钟。

❻ 热锅，倒入调料B的高汤和盐调味，再以水淀粉勾芡，滴入香油拌匀，起锅，淋在蒸好的白菜卷上，用香菜装饰即可。

奶油蒸茭白

材料

茭白	3个
胡萝卜	30克
葱	1根
姜	5克

调料

奶油	1大匙
盐	少许
黑胡椒粒	少许
香油	1小匙

做法

1. 先将茭白剥去外壳，再洗净切成滚刀块状备用。
2. 胡萝卜洗净切片；葱洗净切成段状备用；姜洗净切片。
3. 取一个圆盘，把茭白、胡萝卜、葱、姜放入盘中，再加入所有调料，用耐热保鲜膜将盘口封起来。
4. 把盘放入电饭锅中，于外锅加入1杯水，蒸15分钟至熟即可。

关键提示　一般人都以为茭白有黑斑，是坏的，不能吃。其实是因为水中有一种菰黑穗菌，会寄生在茭白的茎部，刺激植株，从而使茎部肥大起来，这就是我们吃的茭白。那些黑点是残留的菰黑穗菌，不是茭白坏了，所以食用时不用担心。

素肉臊酱蒸圆白菜

材料
圆白菜　　200克

调料
素肉臊酱　适量
（做法见P12）

做法

① 先将圆白菜剥成大块状，洗净备用。

② 制作好素肉臊酱。

③ 取一个深碗，先放入圆白菜，接着将素肉臊酱放于圆白菜上面。

④ 用耐热保鲜膜将盘口封起来，再放入电饭锅中，于外锅加入1杯水，蒸15分钟至熟即可。

黑椒蒸洋葱

🍴 材料

洋葱1个，葱1根，大蒜3瓣，胡萝卜20克

🥄 调料

黑胡椒粒1大匙，奶油1小匙，盐1小匙，鸡精
1小匙

📋 做法

① 先将洋葱对切后切成丝状；葱洗净切段；
大蒜瓣用菜刀拍扁；胡萝卜洗净切成丝状
备用。

② 取一个圆盘，放上切好的食材，再加入所有
的调料，混合拌匀。

③ 接着用耐热保鲜膜将盘口封起来，放入电
饭锅中，于外锅加1杯水，蒸约15分钟至熟
即可。

虾仁蒸瓠瓜

🍴 材料

瓠瓜400克，虾仁40克，姜末5克

🥄 调料

盐1/4小匙，高汤3大匙，白糖1/4小匙，色拉油1小匙

📋 做法

① 虾仁放碗里加入开水（淹过虾仁），泡5分
钟后，洗净沥干备用。

② 将瓠瓜去皮，切粗丝装盘。

③ 将高汤加入虾仁、姜末、盐及白糖拌匀
后，与色拉油一起淋至瓠瓜上。

④ 电饭锅外锅倒入1/3杯水，放入做法3的盘
子，按下开关，蒸至开关跳起即可。

关键提示 有些商家为避免虾仁发潮，会添加化学药剂。为了避免买到这种虾仁，挑选时要选择干爽、不粘手、细闻没有刺鼻气味、味道清香的虾仁。

蒸镶大黄瓜

材料
大黄瓜1个，猪绞肉300克，姜末10克，葱末10克，香芹叶少许

调料
盐1/4小匙，鸡精1/4小匙，白糖1小匙，酱油1小匙，米酒1小匙，白胡椒粉1/2小匙，香油1大匙

做法
1. 大黄瓜去皮后，横切成厚5厘米的圆段，用小汤匙挖去籽后洗净沥干，然后在黄瓜圈中空处抹上一层淀粉（分量外）。
2. 猪绞肉放入钢盆中，加入盐、鸡精、白糖、酱油、米酒、白胡椒粉，搅拌至有黏性备用。
3. 猪绞肉中加入葱、姜末及香油，拌匀后成肉馅，将肉馅分塞至黄瓜圈中，再用手沾少许香油，将肉馅表面抹平后装盘。
4. 电饭锅外锅放入1/2杯水，放入盘子，按下开关蒸至开关跳起，取出用香芹菜装饰即可。

西芹竹笋汤

材料
西芹片60克，竹笋350克，胡萝卜片30克，姜片20克

调料
盐1大匙，水800毫升

做法
1. 竹笋去皮，洗净切片状。
2. 取一汤锅，放入竹笋片、西芹片、胡萝卜片、姜片和所有调料，煮25分钟即可。

椰汁土豆

材料
土豆200克，鸡腿肉150克，胡萝卜50克，洋葱50克，香芹叶少许

调料
椰浆150毫升，水50毫升，盐1/2小匙，白糖1小匙，辣椒粉1/2小匙

做法
❶ 将土豆、胡萝卜及洋葱去皮洗净后，切块；鸡腿肉切小块，放入滚水中氽烫1分钟后洗净，与土豆、胡萝卜及洋葱放入电饭锅内锅中。

❷ 电饭锅内锅中加入所有调料。

❸ 电饭锅外锅加入1杯水（分量外），放入内锅，盖上锅盖后，按下电饭锅开关，待开关跳起后再焖20分钟后取出，拌匀，用香芹叶装饰即可。

豆酱蒸桂竹笋

材料
桂竹笋200克，猪肉丝50克，泡发香菇2朵，姜末5克，葱丝适量

调料
黄豆酱3大匙，辣椒酱1大匙，白糖1小匙，香油1小匙

做法
❶ 桂竹笋洗净切粗条，焯烫后冲凉沥干；泡发香菇洗净切片，备用。

❷ 将所有调料拌匀后，加入桂竹笋及猪肉丝略拌，装盘。

❸ 电饭锅外锅倒入1/3杯水，放入盘子，按下开关蒸至开关跳起后，放上葱丝即可。

蒸素什锦

材料
泡发黑木耳	40克
金针菜	15克
豆皮	60克
泡发香菇	5朵
胡萝卜	50克
竹笋	50克
香芹叶	少许

调料
素蚝油	2大匙
白糖	1小匙
淀粉	1小匙
水	1大匙
香油	1大匙

做法
1. 金针菜用开水泡3分钟至软后，洗净沥干；豆皮、胡萝卜、黑木耳、竹笋、香菇洗净切小条，备用。
2. 将以上所有材料与所有调料一起拌匀后，放入盘中。
3. 电饭锅外锅倒入1/4杯水（分量外），放入盘子，按下开关蒸至开关跳起，并以香芹叶装饰即可。

虾仁蔬菜丸汤

材料
虾仁150克，青菜末20克，胡萝卜末10克，姜末5克，杏鲍菇80克

腌料
盐适量，香油适量，白胡椒粉适量，米酒适量，淀粉适量

调料
盐1大匙，水900毫升，白糖1小匙，白胡椒粉少许

做法
① 虾仁剁成泥，加入青菜末、胡萝卜末、姜末及腌料拌匀，捏成数颗球状；杏鲍菇洗净切片，备用。
② 取一内锅，放入虾球和杏鲍菇，加入调料，再放入电饭锅，外锅加1/2杯水（分量外）；盖上锅盖，按下开关，蒸12分钟，食用时搭配葱花（材料外）即可。

萝卜荸荠汤

材料
白萝卜150克，荸荠200克，胡萝卜100克，芹菜段适量，姜片15克

调料
水800毫升，盐1/2小匙，鸡精1/4小匙

做法
① 将荸荠、白萝卜及胡萝卜去皮后均切小块，一起放入滚水中焯烫10秒后，取出洗净，与姜片一起放入汤锅中，倒入清水。
② 电饭锅外锅放入1杯水（分量外），放入汤锅。
③ 按下开关蒸至开关跳起后，加入芹菜段与其余调料调味即可。

芥蓝扒鲜菇

材料
芥蓝	200克
蟹味菇	180克
葱段	适量
胡萝卜片	适量
大蒜	1瓣
姜片	少许

调料
A
蚝油	1大匙
米酒	1小匙
白糖	1小匙
鸡精	少许
水	1碗

B
色拉油	1大匙
水淀粉	适量
香油	少许

做法
1. 芥蓝洗净，入滚水中焯烫，捞起沥干水分，排盘。
2. 热锅放入1大匙色拉油，爆香大蒜、姜片，放入调料A煮开，再放入蟹味菇、葱段、胡萝卜片，最后用水淀粉勾芡，起锅前淋上香油。
3. 将其淋在芥蓝上即可。

关键提示 芥蓝烹调前，洗净去掉老根、老叶，并将底部的表皮削去。焯烫时，水要多，可加入适量色拉油，这样可使菜色更加碧绿好看；焯烫后将芥蓝在冰水中浸泡一下，可保持芥蓝的爽脆口感。

红曲酱煮萝卜

🍲 材料
白萝卜50克，胡萝卜80克，姜10克，葱1根

🍶 调料
红曲酱3大匙，水500毫升，盐少许，白胡椒粉
少许

📋 做法
1. 先将白萝卜、胡萝卜削去外皮，切成厚片
   状备用。
2. 把葱洗净切成段状；姜洗净切片备用。
3. 取一个汤锅，放入白萝卜、胡萝卜、葱、姜
   片和所有的调料。
4. 最后盖上锅盖，以中火焖煮20分钟至熟
   即可。

菱角煮鸡肉

🍲 材料
菱角150克，鸡腿1只，洋葱1/3个，大蒜3瓣，
红甜椒1/3个，香芹叶少许

🍶 调料
鸡精1小匙，盐少许，白胡椒粉1小匙，水600毫升

📋 做法
1. 先将菱角洗净备用。
2. 将鸡腿洗净，切小块，放入滚水中汆烫，
   捞起备用。
3. 把洋葱与红甜椒洗净，切成块状；大蒜用
   菜刀拍扁备用。
4. 取一汤锅，加入1大匙色拉油（材料外），
   先将洋葱、红甜椒、大蒜以中火爆香，再放
   入菱角和鸡腿以及所有调料，并盖上锅盖。
5. 最后以中小火煮20分钟至熟，用香芹叶装
   饰，即可盛盘上桌。

双椒蒸西蓝花

材料

红甜椒	1/6个
黄甜椒	1/6个
西蓝花	1/3个
蟹味菇	50克
姜末	1大匙

调料

素蚝油	1大匙
高汤	1大匙
白糖	1小匙
盐	1小匙
淀粉	1小匙
色拉油	少许
热开水	3杯

做法

1 西蓝花洗净，切成小朵状；蟹味菇洗净切小段；红甜椒、黄甜椒洗净，切成小菱片；所有调料搅拌均匀成酱汁备用。

2 电饭锅外锅加2杯热开水及1小匙盐，先按下开关预热，再将西蓝花、红甜椒、黄甜椒、蟹味菇分别汆烫一下即捞起，摆入盘中，再淋上酱汁。

3 倒掉电饭锅外锅的水，再于外锅加入1杯热开水，按下开关，盖上锅盖，待水蒸气冒出后，才掀盖将盘放入电饭锅中，蒸3分钟后取出即可。

蟹肉煮土豆

材料
蟹腿肉50克，土豆1个，胡萝卜50克，葱1根，大蒜2瓣，香菇1朵

调料
盐1大匙，水900毫升，白糖1小匙，白胡椒粉少许

做法
1. 将土豆、胡萝卜削去外皮，用刨刀刨成粗丝状备用。
2. 将蟹腿肉退冰；葱洗净切段；大蒜、香菇都洗净切片备用。
3. 取一个汤锅，先加入1大匙色拉油（材料外），接着加入蟹腿肉、葱、大蒜片、香菇，以中火先爆香。
4. 接着加入土豆、胡萝卜与所有的调料，盖上锅盖以中火煮15分钟即可。

胡萝卜牛肉汤

材料
胡萝卜180克，牛肉150克，香菜5棵，大蒜3瓣，姜5克

调料
水500毫升，盐少许，白胡椒粉少许，香油1小匙

做法
1. 将牛肉洗净切成块状，再放入滚水中汆烫，去除血水备用。
2. 把胡萝卜削去外皮后切成块状；大蒜、姜洗净切片；香菜洗净后只取梗的部分，切成碎状备用。
3. 取一个汤锅，将牛肉、胡萝卜、大蒜片、姜与所有调料一起加入。
4. 盖上锅盖，以中火煮20分钟，最后于起锅前再将切好的香菜梗加入，即可关火。

乳香凉拌竹笋

材料
竹笋　　　　　2个
黑芝麻　　　　适量
罗勒叶碎　　　少许

调料
乳香酱　　　　适量
盐　　　　　　1大匙

做法
① 将竹笋洗净，先不要剥去外壳，直接放入汤锅中，加入冷水与1大匙盐，再盖上锅盖，以大火煮至滚沸，再转小火煮15分钟即可。

② 把煮好的竹笋泡入冷水急速冷却，再剥去外壳和外层老皮，切成大块状备用。

③ 将切好的竹笋摆入盘中，再把乳香酱放入耐热塑料袋中，用牙签戳一个小洞，均匀地挤在竹笋上面，最后撒上黑芝麻和罗勒叶碎即可。

关键提示　　料理竹笋时，要先将竹笋洗净，但不要先剥壳，不仅可以避免竹笋在水煮时变小缩水，而且能预防甜味流失；然后加入冷水，冷水要完全盖过竹笋，并加1大匙盐帮助入味，盖上锅盖，以大火煮开再转中火煮30～40分钟；煮熟的竹笋起锅后，为了增添竹笋的脆度，还可以先冲冷水后再放入冰箱，这样就能吃到美味爽脆的竹笋了。

椰香煮南瓜

材料
南瓜350克,姜10克,洋葱1/3个,西蓝花100克

调料
椰奶200毫升,盐少许,黑胡椒粒少许,鸡精1大匙

做法
1. 将南瓜洗净,去籽后连皮切成大块状备用。
2. 把姜洗净切片;洋葱洗净切成块状;西蓝花择成小朵状备用。
3. 取一个汤锅,加入1大匙色拉油(材料外),再加入姜与洋葱以中火爆香。
4. 接着将南瓜块和所有调料依序加入,以中火煮15分钟。
5. 最后将择好的西蓝花加入,再盖上锅盖续煮约5分钟即可。

什锦大白菜

材料
大白菜900克,胡萝卜30克,黑木耳30克,虾皮15克,豆皮50克,香菇2朵,大蒜6瓣,葱段15克

调料
盐1小匙,白糖1/4小匙,鸡精1/4小匙,胡椒粉少许,水500毫升

做法
1. 大白菜洗净切大片,焯烫后捞出放入锅中;胡萝卜、黑木耳洗净切小片;虾皮洗净沥干;豆皮泡软、切片;香菇泡软切丝,备用。
2. 取另一锅,烧热后倒入适量色拉油(材料外),放入大蒜瓣爆香,再放入虾皮、香菇丝与葱段炒香后捞起;一起放入装大白菜片的锅中,然后加入胡萝卜片、黑木耳片与豆皮片,倒入500毫升水煮滚后再以小火续煮。
3. 等到大白菜煮软,加入其余调料,再煮滚一次即可。

鲜干贝凉拌香芒

📋 材料

		芒果酱	
鲜干贝	150克	芒果肉	50克
芒果	200克	冷开水	1大匙
青椒丁	5克	柠檬汁	1大匙
红辣椒丁	5克		
葱段	10克		
姜片	3片		

🧂 调料

辣椒酱	1/2小匙
盐	1/2小匙
白糖	1小匙
米酒	1小匙
淀粉	少许

🍳 做法

❶ 鲜干贝洗净沥干水分，加入米酒、1/4小匙盐（分量外）、淀粉拌匀后，腌10分钟后备用；芒果去皮、去籽，切小块备用。

❷ 取一锅放入半锅水，加入葱段、姜片煮沸后，放入鲜干贝，以小火煮1分钟，捞起浸泡冷开水一下，再捞起沥干备用。

❸ 芒果酱材料混合打匀后，加上辣椒酱、白糖、盐拌成酱汁备用。

❹ 将芒果块、鲜干贝、青椒丁、红辣椒丁拌匀，再淋上芒果酱汁即可。

葱油香菇

材料
鲜香菇150克，胡萝卜50克，葱1根

调料
盐 1/2小匙，白糖 1/4小匙，香油 1/2小匙，色拉油 2大匙

做法
① 鲜香菇洗净去蒂头，对半切开；胡萝卜洗净去皮切片，备用。
② 煮一锅滚沸的水，分别将香菇和胡萝卜片焯烫熟后捞起，过冷水，备用。
③ 将葱洗净，切细末置碗内，备用。
④ 热锅，将色拉油烧热，倒入盛有葱末的碗中，再加入其余调料拌匀成酱汁。
⑤ 加入胡萝卜片、香菇片及酱汁一起拌匀即可。

金针菇玉米笋

材料
金针菇100克，玉米笋10个，西蓝花50克，素火腿少许，葱末少许

调料
Ⓐ 高汤1杯，素蚝油1大匙　Ⓑ 玉米粉1小匙，水1大匙

做法
① 西蓝花洗净切小朵状；新鲜金针菇洗净去蒂；素火腿切细末；调料B调成水玉米粉备用。
② 玉米笋洗净，再以加了少许盐（材料外）的滚水中焯烫至熟后，马上捞出，沥干水分摆盘。
③ 另起一锅，放入调料A和葱末煮开后，放入金针菇、西蓝花、素火腿稍微煮一下，再以水玉米粉勾薄芡后起锅，淋在玉米笋上即可。

凉拌什锦菇

材料

茶树菇	80克
金针菇	80克
秀珍菇	80克
珊瑚菇	80克
杏鲍菇	60克
红甜椒	30克
黄甜椒	30克
姜末	10克
香菜	少许

调料

盐	1/4小匙
香菇精	1/4小匙
白糖	1/2小匙
胡椒粉	少许
香油	1大匙
素蚝油	1小匙

做法

❶ 所有菇类洗净沥干，将茶树菇、金针菇切段，杏鲍菇切片，珊瑚菇切小朵；甜椒洗净，切长条，备用。

❷ 取一锅放入半锅水，煮沸后放入所有的菇焯烫2分钟后捞出。

❸ 将焯烫好的菇与甜椒条混合，加入所有调料及姜末，搅拌均匀至入味，撒上香菜即可。

鲜菇煮小豆苗

材料
鲜香菇3朵，小豆苗600克，金针菇罐头1/2罐，姜末1小匙

调料
Ⓐ 高汤1杯，素蚝油1大匙 Ⓑ 玉米粉1/2匙，水1大匙 Ⓒ 色拉油少许

做法
❶ 香菇洗净切丝，与金针菇分别以滚水焯烫后捞起；调料B调成水玉米粉备用。

❷ 小豆苗洗净，放入加了少许盐（材料外）的滚水中，焯烫后捞起摆盘备用。

❸ 热油锅，爆香姜末，放入香菇丝、金针菇及调料A煮开，以水玉米粉勾芡后盛出，淋在小豆苗上即可。

酸辣土豆丝

材料
土豆1个(约150克)，鸡蛋1个，胡萝卜30克

调料
陈醋1大匙，辣椒油1大匙，白糖1小匙，盐1/6小匙，色拉油少许

做法
❶ 土豆与胡萝卜去皮、切丝，分别放入滚水中焯烫30秒即捞起，过冷水备用。

❷ 鸡蛋打散成蛋液，放入热油锅中煎成蛋皮，起锅切丝备用。

❸ 将土豆丝、胡萝卜丝、蛋皮丝与其余调料拌匀，食用前撒上白芝麻和香菜（材料外）即可。

培根卷心菜汤

材料
培根2片，卷心菜300克，干香菇1朵，胡萝卜15克

调料
高汤600毫升，米酒1大匙，鱼露1大匙

做法

❶ 干香菇泡水还原后切丝；胡萝卜去皮切丝；培根切小片，备用。

❷ 按下电饭锅开关，放入培根片炒香，再放入香菇丝、胡萝卜丝炒至均匀，倒入高汤煮至沸腾。

❸ 将卷心菜洗净，撕小片放入汤中，稍微烫至软，加入其余调料拌匀即可。

关键提示 　　培根煎炒后再食用，可以避免过于油腻，且汤会更清爽。而卷心菜等到最后再加入，才能尝到爽口的清脆感！

养生蔬菜汤

材料
干香菇3朵，白萝卜250克，胡萝卜200克，牛蒡200克，白萝卜叶50克，水1800毫升

做法

❶ 干香菇洗净沥干水分；白萝卜洗净沥干水分，不去皮直接切块状；胡萝卜洗净沥干水分，不去皮直接切块状；牛蒡洗净沥干水分，横切成短圆柱状；白萝卜叶洗净，沥干水分备用。

❷ 取汤锅，放入以上全部食材，加入水，并以大火煮至滚沸后，再转小火煮1小时即可。

什锦蔬菜汤

材料
胡萝卜100克，西芹50克，土豆100克，番茄2个，西蓝花100克，洋葱50克

调料
盐1/2小匙

做法

❶ 将胡萝卜、土豆去皮，切丁；西芹洗净切丁备用。

❷ 番茄洗净，切小块；洋葱切丁；西蓝花洗净，切小块备用。

❸ 锅烧热，倒入1大匙色拉油（材料外），放入洋葱丁、胡萝卜、土豆和西芹，以小火炒5分钟后倒入汤锅。

❹ 再倒入适量水煮滚，转小火煮10分钟，再放入番茄块和西蓝花煮10分钟，最后加盐调味即可。

金针菇榨菜汤

材料
金针菇100克，榨菜100克，葱段10克，五花肉片60克

调料
Ⓐ 盐少许，白胡椒粉少许　Ⓑ 水600毫升，香油少许

做法

❶ 榨菜切丝后洗净沥干；金针菇洗净，去蒂头后对切；五花肉片切小条，加入调料A抓匀，备用。

❷ 热锅，倒入少许色拉油（材料外），加入五花肉炒至变白，放入葱段、榨菜丝炒香。

❸ 加入金针菇段略炒，再加入水煮至沸腾，起锅前加入香油即可。

萝卜蔬菜汤

材料
胡萝卜100克，白萝卜150克，白萝卜叶80克，牛蒡80克，干香菇10朵，姜片10克

调料
盐1.5小匙，绍兴酒1大匙，水1000毫升

做法
1. 胡萝卜及白萝卜洗净，去皮切小块；牛蒡去皮切片；干香菇泡水至软；白萝卜叶洗净切段，备用。
2. 将所有材料、水、绍兴酒放入电饭锅内锅中，外锅加1杯水（分量外），盖上锅盖，按下开关，待开关跳起后，加入盐调味即可。

牛蒡腰果汤

材料
牛蒡（小）1条，无调味腰果100克

调料
水1000毫升，盐少许

做法
1. 牛蒡洗净，带皮切斜薄片，备用。
2. 将所有材料与水放入电饭锅内锅中，外锅加2杯水（分量外），按下开关煮至开关跳起。
3. 最后加入盐调味即可。

丝瓜鲜菇汤

材料
丝瓜1条（约500克），茶树菇50克，秀珍菇
50克，姜丝10克

调料
水400毫升，盐少许，柴鱼素4克

做法
① 丝瓜洗净，以削皮刀去皮后，切成2厘米长
的小条；茶树菇和秀珍菇洗净备用。
② 取内锅放入所有材料和水，再放入电饭锅中。
③ 外锅放入1杯水（分量外），按下开关，待
开关跳起，放入其余调料拌匀即可。

> **关键提示** 丝瓜皮不要削得太厚，可以保留
> 较多营养与漂亮的翠绿色，丝瓜煮得
> 越久颜色会越暗沉，所以稍微煮至熟
> 软即可关火。

洋葱鸡腿浓汤

材料
洋葱400克，鸡腿1只，蘑菇100克，奶油1大匙，
香菜少许

调料
Ⓐ 盐少许，黑胡椒粉少许　Ⓑ 水600毫升，米酒
1大匙，盐少许，黑胡椒粉少许

做法
① 洋葱去皮切丝；蘑菇洗净切片；鸡腿肉洗
净切块，撒上调料A，备用。
② 热一锅，倒入1大匙奶油，待奶油溶化后，
加入洋葱丝炒至浅褐色，取出备用。
③ 锅中倒入少许色拉油（材料外），放入鸡腿
肉煎至上色，取出鸡腿肉，放入蘑菇片也煎
至上色，取出备用。
④ 取锅加水，煮至沸腾，再加入洋葱丝、鸡
腿、蘑菇，续煮10分钟，最后加入其余的
调料B拌匀，加上香菜即可。

番茄银耳汤

材料
番茄400克，银耳（干）15克，秋葵3个

调料
味噌10克，水400毫升，蔬菜高汤200毫升

做法

❶ 银耳泡开切碎；秋葵洗净切片状；番茄去皮切块状，备用。

❷ 将银耳、秋葵、番茄放入内锅中，再加入所有调料，放入电饭锅中。

❸ 外锅加入1杯水（分量外），按下开关，待开关跳起即可。

什锦菇汤

材料
杏鲍菇150克，鲜香菇50克，秀珍菇120克，金针菇150克，姜丝10克，葱花10克

调料
水700毫升，盐1/2小匙，鸡精1/2小匙，米酒1小匙，香油1大匙

做法

❶ 杏鲍菇洗净切片；鲜香菇洗净切片；秀珍菇洗净去蒂头；金针菇洗净去头，备用。

❷ 取内锅，放入所有材料（除葱花外）及调料，再放入电饭锅中。

❸ 外锅放入1杯水（分量外），按下开关，待开关跳起，撒入葱花即可。

番茄玉米汤

材料

番茄	1个
玉米	1个
葱	1/2根
姜丝	适量

调料

盐	1小匙
香菇粉	1小匙
香油	2小匙
高汤	800毫升

做法

1. 番茄洗净切块；玉米洗净切段；葱洗净切成葱段，备用。
2. 取内锅，加入高汤、番茄块、玉米段、盐及香菇粉，放入电饭锅中，外锅放入2杯水。
3. 加入葱段与姜丝。
4. 按下开关，待开关跳起后加入香油即可。

雪梨姜汤

📋 **材料**

雪梨1个，嫩姜丝3克

🧂 **调料**

高汤600毫升，盐少许，白胡椒粉少许，味噌1小匙

📋 **做法**

① 雪梨洗净，削下外皮保留，果肉切成10份，去籽备用。

② 取内锅，放入雪梨皮、果肉及其他材料，再放入电饭锅中。

③ 外锅放入1杯水，按下开关，待开关跳起，挑除雪梨皮，加入其余调料即可。

海带黄豆芽汤

📋 **材料**

海带15克，黄豆芽200克，红辣椒1/3个，大蒜末5克，熟白芝麻少许

🧂 **调料**

盐适量，韩式甘味调味粉5克，水600毫升，香油2大匙

📋 **做法**

① 黄豆芽洗净沥干水分；红辣椒洗净，去蒂后切斜片备用。

② 海带洗净多余盐渍，放入滚水中焯烫10秒钟，捞出沥干水分，切小段备用。

③ 按下电饭锅开关，外锅倒入香油，先放入大蒜末与红辣椒片，以中火炒香，再加入黄豆芽拌炒均匀。

④ 将水加入锅中煮5分钟，加入海带拌匀，以盐和韩式甘味调味粉调味，关火盛出后，撒上熟白芝麻即可。

芋头西米露

材料
芋头1/2个，西米100克

调料
白糖5大匙，椰奶适量，水5杯

做法
1. 芋头去皮，切小丁，放入内锅。
2. 将内锅放进电饭锅中，再加入5杯水，外锅加1杯水（分量外），盖上锅盖，按下开关，待开关跳起，放入西米。
3. 外锅再加1/2杯水（分量外），盖上锅盖，按下开关，待开关跳起，加白糖及椰奶调味即可。

香油杏鲍菇汤

材料
杏鲍菇150克，老姜50克，枸杞子10粒

调料
香油100毫升，米酒3大匙，香菇素4克，盐少许，水400毫升

做法
1. 杏鲍菇以酒水洗净，沥干水分后以手撕成大长条；老姜刷洗干净外皮，切片；枸杞子洗净后泡水5分钟，沥干水分，备用。
2. 热锅，倒入香油烧热，加入姜片，以小火慢炒至姜片卷曲并释放出香味。加入杏鲍菇拌炒均匀，沿锅边淋入米酒，续煮至酒味散发。再加入水以中火煮开，以盐和香菇素调味，起锅前加入枸杞子拌匀即可。

蒜香花菜汤

材料
花菜300克，胡萝卜80克，大蒜10瓣

调料
盐少许，鸡精3克，蔬菜高汤800毫升

做法

❶ 花菜洗净切小朵；胡萝卜洗净去皮切片，切花；大蒜切片，备用。

❷ 取内锅，加入所有材料及高汤，再放入电饭锅中。

❸ 外锅加入1杯水，按下开关，待开关跳起，加入其余调料即可。

竹笋苋菜汤

材料
苋菜200克，竹笋丝适量，猪肉丝适量

调料
盐适量，鸡精适量，胡椒粉适量，高汤1500毫升

做法

❶ 苋菜洗净切小段，备用。

❷ 将所有材料及高汤放入内锅，再放入电饭锅中。

❸ 外锅加入1杯水，按下开关，待开关跳起，加入其余调料拌匀即可。

菠菜浓汤

材料
菠菜　　200克
土豆　　200克
西芹　　30克
香菜　　少许

调料
高汤　　400毫升
牛奶　　200毫升
盐　　　少许

做法
1. 土豆去皮，与菠菜、西芹放入电饭锅内锅中，外锅加1/2杯水，将上述材料蒸熟。
2. 将蒸好的蔬菜放入果汁机中，加入高汤打成泥。
3. 然后将蔬菜泥倒回内锅，再加入牛奶，放入电饭锅中。
4. 外锅加入1杯水，按下开关，待开关跳起，撒上香菜即可。

姜汁红薯汤

材料

姜	100克
红薯	1个（约50克）

调料

红糖	适量
水	6杯

做法

1. 姜去皮切块，打汁；红薯去皮切块，备用。
2. 取一内锅，放入红薯、姜汁及水。
3. 将内锅放入电饭锅中，外锅放1杯水（分量外），盖上锅盖后按下开关，待开关跳起后，加红糖调味即可盛碗。

南瓜浓汤

材料

南瓜（带皮）	300克
炒过的松子仁	20克
大蒜末	10克
奶油	30克
西芹末	少许

调料

蔬菜高汤	400毫升
牛奶	250毫升
盐	少许
黑胡椒粉	少许
橄榄油	1大匙

做法

1. 将南瓜洗净，去籽后切小片。

2. 按下电饭锅开关，外锅放入奶油和橄榄油烧热，加入大蒜末以小火炒出香味，再加入南瓜片充分拌炒，倒入蔬菜高汤煮至南瓜熟软，取出备用。

3. 待煮好的南瓜汤冷却至常温，放入果汁机中，加入炒过的松子仁搅打至呈泥状，倒回锅中，加入牛奶煮至接近滚沸，以盐调味后盛出，最后撒上黑胡椒粉、松子仁（分量外）与西芹末即可。

银耳莲子汤

材料
银耳20克，莲子60克，红枣20颗，桂圆肉20克

调料
白糖110克，水800毫升

做法
① 银耳用清水浸泡20分钟，至涨发后洗净，剪去蒂头，剥小块；莲子泡水60分钟，备用。
② 将所有材料、水放入电饭锅中，外锅加1杯水（分量外），盖上锅盖，按下开关，待开关跳起，续焖10分钟，加入白糖调味即可。

关键提示　因为莲子不好泡发透，如果在料理前才浸泡肯定来不及，可以在前一晚将莲子浸泡清水，隔天再来料理就轻松快速了。

丝瓜汤

材料
丝瓜400克，葱花20克，姜片10克，虾米30克

调料
盐1/2小匙，白胡椒粉1/4小匙，水400毫升

做法
① 丝瓜冲洗后，用刀刮去表面粗皮，切厚片；虾米用水泡5分钟后，洗净沥干备用。
② 热锅加入少许色拉油（材料外），放入葱花、姜片和虾米，以小火炒香。
③ 接着加入丝瓜片，改以中火翻炒，炒至丝瓜微软后，加入水煮滚，转小火煮滚3分钟，最后加入盐和白胡椒粉调味即可。

绿豆山药汤

材料

去皮绿豆	200克
山药	200克
红枣	50克
香菜	少许

调料

冰糖	2大匙
水	6杯

做法

1. 将去皮绿豆、红枣洗净后，泡水10分钟，备用。
2. 山药削皮后切成约1厘米的小丁状。
3. 内锅加入6杯水、绿豆、红枣，外锅加入1杯水（分量外）煮15分钟后，加入山药再煮15分钟。
4. 将冰糖加入，焖3分钟让冰白糖溶化，撒上香菜即可。

关键提示 红枣的分量在此道菜品中算多，并且也有提甜味的功能，所以冰白糖的分量可适量调整，最好边加冰白糖边试味道。

菠萝银耳羹

🍲 **材料**

菠萝罐头	1罐
银耳	30克
红枣	10颗
枸杞子	10克
水	4杯

🍳 **做法**

① 银耳泡水软化，再用果汁机打碎备用。

② 取一内锅，放入碎银耳、红枣、枸杞子及水。

③ 将内锅放入电饭锅中，外锅放1杯水（分量外），盖上锅盖后按下开关，待开关跳起后，加入菠萝罐头（含汤汁）即可。

冬瓜海带汤

材料

冬瓜500克，海带结100克，姜丝少许

调料

米酒15毫升，味淋15克，高汤400毫升，水400毫升

做法

1. 冬瓜洗净，以刀面刮除表皮，留下绿色硬皮，切粗丁；海带结洗净备用。

2. 将所有材料、水、高汤放入内锅中，再放入电饭锅中。

3. 外锅加入1杯水（分量外），按下开关，待开关跳起，加入其余调料即可。

莲藕玉米汤

材料

莲藕300克，玉米180克，胡萝卜150克，猪大骨300克，姜片20克，香菜少许

调料

盐1小匙，水1000毫升

做法

1. 莲藕、胡萝卜去皮，切滚刀块；玉米洗净切段备用。

2. 猪大骨剁小块，放入滚水中氽烫2分钟后，捞起洗净沥干。

3. 取锅，先将除香菜外的所有材料、水放入锅中，盖上锅盖，以中火煮滚后，转小火煮30分钟后，加入盐调味，撒上香菜即可。

PART 4
· ·

蛋、豆腐篇

　　蛋类和豆腐类食物均含有丰富的蛋清质。豆腐是由豆类加工制成的，但人体对其吸收利用率要比豆类高很多。烹制豆腐时，将豆腐浸入稀盐水中片刻，可保持豆腐形状完整。豆腐性寒，烹制时可加些姜、大蒜、花椒。

蒸煮蛋、豆腐好滑嫩

洗蛋

烹调蛋料理前，用冷水先洗过，可以将蛋壳上的杂质洗干净，保证烹煮时的卫生安全。

检查

为了避免用到坏掉的蛋，可以先把蛋分别敲开，一一检查，避免都敲开在一起后，才发现有坏掉的，就会浪费掉其他好的蛋。

冷水煮

下锅煮蛋时，不要一开始就用热水来煮，因为蛋壳碰到热水易裂，用冷水慢慢煮至滚才能煮出完整漂亮的水煮蛋。

过筛

将打匀的蛋液先用筛子过筛，可以减少打蛋时出现的泡沫以及没混合均匀的调料，让做出来的蛋料理好看又好吃。

去泡

将蛋液倒入容器时，有时还是会产生气泡，这时候可用牙签挑除气泡，这样就能令蛋蒸出平滑的表面。

包膜

在蒸豆腐料理时，包保鲜膜时需留下空间，避免蒸的过程中豆腐被热水蒸气压扁，影响菜肴外观。

黄金玉米煮豆腐

材料

玉米粒	200克
猪绞肉	50克
嫩豆腐	1盒
葱	1根
胡萝卜	50克

调料

鸡精	1小匙
香油	1小匙
盐	少许
白胡椒粉	少许
水	200毫升

做法

1. 先将嫩豆腐切成小丁状；玉米粒洗净备用。
2. 把葱、胡萝卜洗净，切成小丁状备用。
3. 取一个小汤锅，加入1大匙色拉油（材料外），再放入猪绞肉、玉米粒与葱、胡萝卜，以中火先爆香。
4. 接着于汤锅中加入豆腐丁，再加入所有的调料调匀，以中火煮10分钟至入味即可。

蛤蜊蒸嫩蛋

材料
蛤蜊100克，鸡蛋3个

调料
水200毫升，盐少许，白胡椒粉少许

做法
1. 先将蛤蜊洗净，取一锅，放入蛤蜊、适量的冷水与1大匙盐（分量外），让蛤蜊静置吐沙1小时备用。
2. 再将鸡蛋洗净敲入一容器中，均匀打散，再加入所有调料，混合拌匀。
3. 将搅拌均匀的蛋液以筛网过滤至另一容器中，用耐热保鲜膜将盘口封起来，再放入电饭锅中。
4. 于电饭锅外锅加入1杯水（分量外），蒸10分钟，再将锅盖打开，放入吐好沙的蛤蜊，续蒸3~5分钟即可（可撒上葱丝、红辣椒丝装饰）。

双色蒸蛋

材料
咸蛋2个，鸡蛋2个

调料
盐少许，黑胡椒粉少许，香油1小匙，番茄酱少许

做法
1. 先将咸蛋切片后去壳；把鸡蛋的蛋黄与蛋清分开，备用。
2. 取一容器，先包上耐热保鲜膜，再将咸蛋片铺入容器中。
3. 将鸡蛋蛋清倒入装有咸蛋片的容器中，放入蒸笼中以大火蒸5分钟。
4. 将蛋黄与除番茄酱外的所有调料一起搅拌均匀，再倒入装有蛋清的容器中，转中火蒸15分钟后取出。
5. 最后将蒸好的双色蛋放凉后，切成片状，食用前淋上少许番茄酱即可。

干贝玉米蛋羹

材料
蛋清4个，玉米粉1/2小匙，干贝1个

调料
Ⓐ 高汤2大匙，盐1/4小匙 Ⓑ 高汤2大匙，水淀粉1/2小匙

做法
1. 干贝用50毫升的水（分量外）泡发，一起放入蒸笼蒸5分钟后，取出剥丝备用（汤汁保留）。
2. 将蛋清和调料A拌匀，用细滤网过滤后倒入深盘中，盖上耐热保鲜膜，放入蒸笼用小火蒸15分钟后取出。
3. 将干贝丝连汤汁及调料B中的高汤一起煮至滚沸，再用水淀粉勾芡，淋至蒸好的玉米粉羹上即可。

咸蛋蒸豆腐

材料
咸蛋1个，嫩豆腐1盒，菜脯30克，大蒜2瓣，葱1根

调料
白糖1小匙，盐少许，白胡椒粉少许，香油 1小匙

做法
1. 先将咸蛋剥去外壳，再将咸蛋切成碎状备用。
2. 将菜脯、大蒜与葱洗净，切成碎状备用。
3. 取一容器，放入所有调料并搅拌均匀备用。
4. 把嫩豆腐切成大块状后装入一器皿中，再把咸蛋、菜脯、葱、大蒜与所有的调料均匀地浇淋在豆腐上。
5. 最后把盛有豆腐的器皿包上耐热保鲜膜，放入电饭锅中，外锅放1杯水，蒸15分钟至熟即可。

蒜味火腿蒸豆腐

材料

大蒜	5瓣
火腿片	1片
嫩豆腐	1盒
葱	1根
红辣椒丝	少许

调料

盐	少许
白胡椒粉	少许

做法

1. 先将火腿片、大蒜瓣、葱都切成碎状；嫩豆腐洗净切成片状备用。

2. 取炒锅，加入1大匙色拉油（材料外），再将火腿片、大蒜蓉、葱末及所有调料一起加入，以中火爆香备用。

3. 将豆腐摆入圆盘中，再将炒好的材料倒在豆腐上，用耐热保鲜膜将盘口封起，放入电饭锅中。

4. 于电饭锅外锅加入2/3杯水，蒸11分钟至熟，用红辣椒丝装饰即可。

关键提示

蒸豆腐时常会发生豆腐破掉的情况，其实在处理嫩豆腐时，先将豆腐水倒出来，再切成大块状，这样蒸出来才不容易破，而且成功率较高；另外在封保鲜膜时，也要记得多留一点空间，这样可以避免蒸后发生豆腐被压破的情况；若想让豆腐蒸出来的颜色更漂亮，可以加入酱油与少许的糖增添酱色，让蒸豆腐看起来更可口。

山药蒸豆腐

材料
山药30克，嫩豆腐1盒，葱1根，胡萝卜10克

调料
盐少许，白胡椒粉少许，鸡精1小匙，香油1小匙，酱油1小匙

做法
1. 先将山药去皮洗净，再切成小条状；葱洗净切成段状；胡萝卜洗净切片备用。
2. 将嫩豆腐切成片状备用。
3. 取一容器，放入所有调料混合均匀，备用。
4. 把豆腐摆入盘中，放入山药、葱段、胡萝卜片和所有的调料。
5. 最后用耐热保鲜膜将盘口封起，放入电饭锅中，于外锅加入1杯水，蒸15分钟即可。

番茄豆腐

材料
番茄100克，板豆腐200克，猪肉片60克，姜丝10克，葱丝适量

调料
番茄酱 1大匙，盐 1/4小匙，白糖 1/2小匙

做法
1. 板豆腐切丁，将豆腐焯烫10秒后沥干装盘备用。
2. 番茄洗净切片，与猪肉片及所有调料拌匀后淋至豆腐上。
3. 电饭锅外锅倒入1/3杯水，放入盘，按下开关，蒸至开关跳起后，撒上葱丝即可。

153

苋菜豆腐羹

材料
苋菜	200克
嫩豆腐	1盒
黄豆芽	少许
大蒜（切末）	2瓣
香菜	1棵

调料
米酒	1大匙
盐	适量
鸡精	适量
高汤	1500毫升
水淀粉	适量
香油	少许

做法
1. 苋菜洗净切小段；黄豆芽入滚水中焯烫去涩，捞起备用。
2. 豆腐切小块，泡入冷水中备用。
3. 热锅加入色拉油2大匙（分量外），爆香大蒜末，再放入苋菜炒软。
4. 加入高汤及黄豆芽煮开。
5. 将豆腐沥干水分，放入高汤中，再度煮开后淋入米酒，加入盐、鸡精调味，以水淀粉勾芡，淋上少许香油盛起，用香菜装饰即可。

和风温泉蛋

材料
鸡蛋2个，柴鱼片1大匙，葱1根

调料
和风酱油1大匙，水2大匙，白糖1小匙，盐少许，黑胡椒粉少许，香油1小匙，七味粉适量

做法
1. 先将葱洗净，切成细丝备用。
2. 取一锅冷水，将鸡蛋放入，再以中火加热，以温水煮8分钟，再捞起泡冷水备用。
3. 取一容器，放入除七味粉外的所有调料并搅拌均匀备用。
4. 把煮好的温泉蛋去壳对切，放入一容器中，再将调好的酱汁均匀地淋在温泉蛋上，最后撒上葱花、柴鱼片及七味粉即可。

虾子色拉蛋

材料
鸡蛋3个，腌渍虾子1大匙

调料
色拉酱1大匙

做法
1. 鸡蛋放入锅中，加入约800毫升的冷水（分量外），冷水需淹过鸡蛋2厘米，再加入2大匙盐（分量外）转至中火；将冷水加热至滚沸后转至小火煮10分钟，捞出鸡蛋冲冷水至鸡蛋冷却，备用。
2. 剥除鸡蛋壳，将每个鸡蛋对半切开，取出蛋黄用汤匙压碎，将蛋黄碎、虾子以及色拉酱拌匀，即为蛋黄酱。
3. 将拌好的蛋黄酱回填入对半切开的蛋清中即可。

咸冬瓜豆腐

材料
板豆腐200克，猪肉丝60克，葱丝10克，红辣椒丝适量

调料
咸冬瓜酱100克，酱油膏1小匙，白糖1/2小匙，米酒1小匙

做法
1. 板豆腐切小方块后，放入沸水中焯烫10秒钟后沥干装盘；所有调料拌匀成酱汁，备用。
2. 猪肉丝与葱丝摆放至板豆腐块上，淋入调制好的酱汁。
3. 电饭锅外锅倒入1/2杯水（材料外），放入盘子，盖上锅盖，按下开关，蒸至开关跳起，放上红辣椒丝即可。

百花豆腐肉

材料
板豆腐1块（约250克），猪绞肉100克，咸蛋黄2个，蛋清2大匙，姜末20克，葱花20克

调料
盐1/2小匙，酱油2大匙，白糖2小匙，淀粉2大匙

做法
1. 豆腐焯烫，沥干水分后压成泥；咸蛋黄切粒，备用。
2. 猪绞肉加盐搅拌至有黏性，加入酱油、白糖及蛋清拌匀，再加入姜末、葱花、淀粉、豆腐泥及咸蛋黄混合拌匀备用。
3. 取一碗，碗内抹少许色拉油（材料外），将拌好的猪绞肉放入碗中抹平，再放入电饭锅，外锅加1杯水（材料外），盖上锅盖，按下开关，蒸至开关跳起，取出后倒扣至盘中，撒上葱花（分量外），并以焯烫后的西蓝花装饰（材料外）即可。

蟹黄虾尾豆腐

材料

草虾	6只
市售豆腐	1盒
胡萝卜泥	5克

调料

盐	1小匙
白糖	1/2小匙
水	150毫升
水淀粉	1大匙
香油	1小匙

做法

① 将豆腐切成厚片状，每片的中央挖一小洞备用。

② 草虾汆烫后去头及壳，留下虾尾，依序将头部插入切好的豆腐上，放入内锅，再放入电饭锅；外锅加1/4杯水（材料外），盖上锅盖，按下开关，蒸3分钟，盛入以烫熟的西蓝花（材料外）装饰的盘中备用。

③ 另取锅，加入胡萝卜泥及所有调料煮滚，成为芡汁，淋至豆腐上即可。

蛤蜊鲜虾蒸蛋

材料
蛤蜊	4个
去壳草虾	1只
鸡蛋	3个
葱花	少许

调料
盐	1小匙
料酒	1大匙
水	400毫升

做法
1. 鸡蛋打散成蛋液，加入所有调料，倒入滤网过筛，再倒入容器中；盖上耐热保鲜膜，放入电饭锅中，于外锅加入1/2杯水（分量外），蒸14分钟至熟。
2. 蛤蜊及去壳草虾放入水中煮熟后，捞起备用。
3. 取出电饭锅里的蒸蛋，放上蛤蜊及去壳草虾，撒上葱花即可。

枸杞子蛤蜊蒸蛋

材料

枸杞子	适量
蛤蜊	150克
鸡蛋	3个
葱丝	少许

调料

盐	少许
鸡精	少许
米酒	1/2大匙
白胡椒粉	少许
水	250毫升

做法

1. 鸡蛋打散过筛；枸杞子洗净，备用。

2. 蛤蜊泡水吐沙洗净，放入滚水中氽烫20秒钟后，取出冲水沥干备用。

3. 在蛋液中加入所有调料拌匀，倒入容器中，放入枸杞子、蛤蜊，并盖上耐热保鲜膜。

4. 将盛有蛋液的容器放入电饭锅中，外锅加入3/4杯水（分量外），按下开关，待开关跳起，加入葱丝即可。

鲜虾洋葱蒸蛋

🅐 材料

鲜虾　　　　3只
洋葱丁　　　100克
鸡蛋　　　　2个
胡萝卜丁　　60克
玉米粒　　　40克

🅑 调料

鸡精　　　　适量
盐　　　　　适量
白胡椒粉　　适量
水　　　　　60毫升

🍴 做法

① 鲜虾剥去头、身，留虾尾洗净，1只切丁，留2只完整的虾，备用。

② 热锅，倒入少许的色拉油（材料外）烧热，放入洋葱丁以中火炒至香气溢出后，盛起备用。

③ 将胡萝卜丁放入滚水中焯烫至稍微变软，捞起沥干；将2只完整的鲜虾也放入滚水中氽熟捞出，备用。

④ 鸡蛋打散成蛋液，加入所有调料拌匀，再加入虾丁、洋葱丁、胡萝卜丁及玉米粒拌匀，平均倒入2个碗里。

⑤ 接着将碗用耐热保鲜膜封好，再以牙签戳几个洞，放入电锅中，外锅加入1/3杯的水（分量外），盖上锅盖，按下开关，待开关跳起后取出，各放上1只虾装饰即可。